林木先生的

林木◎著

中国大百科全书出版社

图书在版编目（CIP）数据

　　林木先生的茶 / 林木著. -- 北京：中国大百科全
书出版社，2021.1
　　ISBN 978-7-5202-0897-0

　　Ⅰ．①林… Ⅱ．①林… Ⅲ．①茶文化－中国 Ⅳ.
①TS971.21

　　中国版本图书馆 CIP 数据核字（2021）第 016108 号

责任编辑　陈　光　韩周航
版式设计　郭佩佩
封面设计　安　宁
责任印制　吴雪雯
出版发行　中国大百科全书出版社
地　　址　北京市阜成门北大街 17 号　　　　　邮政编码　100037
电　　话　010-88390093
网　　址　http://www.ecph.com.cn
印　　刷　湖北万隆印务有限公司
开　　本　787 毫米×1092 毫米　　　　　1/16
印　　张　18.5
字　　数　244 千字
印　　次　2021 年 2 月第 1 版　　2021 年 2 月第 1 次印刷
书　　号　ISBN 978-7-5202-0897-0
定　　价　89.80 元

推荐语

刘礼堂

武汉大学历史学院党委书记　茶文化研究中心主任　教授　博导

中国茶不仅是一种简简单单的饮品，更是一种文化，一种生活方式，这一点在林木先生身上尤其能够得到彰显。在《林木先生的茶》中，林木先生不仅分享与茶相关的知识，使读者了解茶怎样滋养身心；而且讲述有关茶的故事，让人的思绪纵横驰骋。本书不仅描绘因茶而芬香四溢的生活，使读者心生向往；也描摹因茶而意趣相投的茶人茶友，让人充分体会茶的艺术魅力。一点一滴，娓娓道来，犹如茶味，沁心养神。读完本书，你会感到，不是茶进入人的肠胃，而是人浸在了茶香之中。

张立功

原湖北楚天广播电台创始人　湖北广播电视台原副台长　高级记者

我常常遗憾，没有早发现一些年轻同志的才华与能力，比如林木。林木是我当台长时选聘的主持人，主持过《车行天下》《下午五点》等优秀栏目，工作认真，学习力强。最近三年不常见，没想到他已成为茶界名人。我也慕名收听了他主持的《一杯茶的时光》节目，非常好：声音好，表达好，节奏好，文化底蕴好。他把节目主持得很耐听。他笔耕不辍，三年来写了几十万字的主持笔记、习茶心得、采访札记，文笔流畅，才华横溢。我还专门去参加过一次他主持的茶会，当天来的粉丝非常多，而他的主持轻松灵活，现场气氛非常好。2020年6月，他的新节目《林木先生的茶》在湖北广播电视台FM107.8一开播就广受欢迎，收听率名列前茅。我希望林木百尺竿头，更进一步，也请大家收听与阅读《林木先生的茶》，一起学习与传播中华茶文化。

黄友谊
华中农业大学园艺林学学院茶学系教授 博导

林木先生在我的记忆中，就是一位专注的茶文化传播者，或者说是一位近乎狂热的茶文化传播者。林木先生的微信群、朋友圈及工作内容，均是以茶为主题，并不遗余力地传播茶。作为一个专业媒体人士，林木先生能如此执着于茶，让我这专事茶的人也自愧不如。今日有幸为《林木先生的茶》说几句，我倍感荣幸。这本书汇集了有关茶的各种活动、故事与感悟，所述的内容既有随时间发生的一些特定茶事，更有一些历史中早已形成的固定茶事。以通俗的语言和讲故事的方式来传播茶文化，这对林木先生而言应该是小菜一碟；将博大精深的茶文化以简易、生动的方式讲述，这无疑是非常好的传播手段。通过阅读本书，你可以在一种轻松的状态下，了解到相关的茶知识、茶事件，而且还可以了解到林木先生个人对茶的思索，以及他对传播茶的不懈努力！喜茶、好茶、对茶感兴趣的人士，可以多阅读本书，相信你们一定会有不一样的收获！

吴志远
华中师范大学自媒体研究中心主任 副教授 传播系主任

作为一名资深的广电系统茶事栏目主播，林木先生有广泛的茶界朋友，茶是讲品牌的，林木先生也在江城茶圈中树立起自己的品牌。听林木先生讲茶，讲茶人，讲茶客，正如盛夏的一杯新茶，隆冬的一壶老茶，让你品尽人间茶味。如今，林木先生将其讲茶的精华，浓缩进这本《林先生的茶》中，值得期待。

严建红

陆羽国际集团董事长

　　林木先生是深受广大茶友喜爱的茶节目主播，也是行业内知名的茶文化大家。2019年，我们非常荣幸地邀请他担任了陆羽文化大使、陆小羽导师。读林木先生的书，听林木老师的节目，不仅能学习到专业、科学的茶文化和知识，更能体会到触类旁通的茶启示，探知曲径通幽的茶境界。最好的饮料，不过一杯茶；走近林木先生的茶，走进健康、美好的茶生活方式。

扫一扫，听音频

前言

美好生活自茶始

新年与茶

新年第一天，我给朋友们录了一段视频。

大意是：去年过去了，今年又来了。在辞旧迎新之际，大家关注的点各有不同。有人关注去哪里吃饭，有人关注跨年晚会是否精彩，有人关注电商跨年促销活动，有人关注财务报表和来年工作，等等。看上去，每个人的关注点都不一样，但透过现象看本质，其实大家的关注点都一样——都在关注美好生活！

茶，就是美好生活的主要元素之一。茶，让很多人的生活底色发生了翻天覆地的改变。云南福建因茶致富的人太多了，湖北也有百万百姓因茶脱贫，湖南也如此，2019 年也有消息说贵州有 50 多万人因茶而富，这样的例子各地可谓不胜枚举。

而作为"人民对美好生活的向往就是我们的奋斗目标"的最高践行者，国家领袖的新年献词，更是引起人们的高度关注，从广播电视网络，到抖音朋友圈，随处刷屏，引发热议。这是全社会关注的热点，一年一度的新年献词，让人充满了对新年的美好期待。

的确，2020 年是意义非凡的一年，因为这是中国脱贫攻坚、全面建成小康社会的决胜年，也是中国实现"两个一百年"任务过半的临界点，所以备显重要，备受关注。而对普通百姓来说，是否有茶喝，是否有心情喝茶，这是生活是否美好与幸福的一种最直观最真切的反映。

每天从一杯茶开始

和无数人一样，我每天的工作生活，也是从一杯茶开始的。

品茶于我是生活常态。不论居家还是工作，一杯茶总是少不了的，我用茶调节自己的情绪与节奏。的确，大家现在的生活节奏都比较快，比较忙碌，但再忙碌，也得为自己留出一点时间，放慢脚步，调整身心，静心品味，享受一杯茶的时光。

我的切身体会是，忙碌的生活有了茶，你才会感到忙碌的价值与闲适的意义。茶香能驱散你的疲劳、昂扬你的斗志；茶汤能涤荡你的心灵、洗去你的风尘。所以，再忙我也要喝茶。我也希望我的朋友们，再忙也要有时间喝茶。

喝茶也不必挑剔。有的时候，喝什么茶，口感如何，并不重要。只要有一杯茶，就能感觉到幸福，就能感觉到，握在手心里的是笃定，喝进身体的是安静。所以，喝茶，不仅是一种物质的需要，更是一种精神的诉求。

2019 年年末，我与武汉商学院的茶文化专家周圣弘教授在一起喝茶，他说："某人喝了一辈子的茶，还是分不清红茶绿茶。"当时我们听了都大笑。后来我却想，此君又不是教授，大抵不会误人子弟，分不清红茶绿茶又有啥关系？茶是美好的，喝茶就好，爱茶就好。

喝茶的时光，是属于自己的时光，我们可以卸下生活的重担，把思绪、惆怅与烦恼，都泡进茶里，慢慢品味，慢慢交流，慢慢沉淀，慢慢升腾，让生活的智慧在茶中慢慢产生。

这正所谓："壶中有日月，茶里有乾坤。"

饮茶是一门艺术

2019 年最后一天的下午，我去了星斗山·利川红武汉营销中心。因为在 2020 年，对于湖北茶文化的推广，我将以茶圣陆羽为茶界大旗，以"一红一绿一黑"为主要抓手，开展宣传工作。

赵龙江先生是利川红的营销策划操盘手，东湖茶叙后，他继续发力，把利川红卖得很红，在业界享有大名。赵龙江先生曾在云南广播电视台工作多年，与我也是同行，他不仅深谙媒体工作，更有茶行业丰富的运营经验。所以，去向赵龙江先生求教，于我非常重要。

赵龙江先生赞同我的想法，认为陆羽是茶界的精神与旗帜，对当今茶界极为重要。赵龙江先生觉得，当今社会茶界与文化节都低估了陆羽的文化引领作用与现实意义。

在中唐时期，虽然社会较以往富庶繁荣，但在道路交通、信息交流、资料文献、种质资源等都存在诸多困难的情况之下，陆羽一心事茶，跋山涉水，历尽艰辛，不断探求与总结，用一生的努力，完成了《茶经》的创作，让中国民间本不起眼的饮茶生活从此升格为文化与艺术，这是何等的伟大！

赵龙江先生语调深沉地说，陆羽不图名不图利，不为做官不为发财，以一颗执着的爱茶之心，完成了一件了不起的壮举，这就是陆羽对美好生活的追求。他未必就有书写历史的崇高的出发点，他的精神都是后人所总结出来的，但他确实在平凡的追求中彰显了伟大的人格魅力。

赵龙江先生的话，都是干货，让我对茶界、对茶品牌有了一些新的认识与收获。这是我在 2019 年最后一天下午收到的非常珍贵的礼物，我要感谢赵龙江先生分享的茶中智慧。如果不是夜幕降临，我还想与他聊下去。

茶与美好生活

告别赵龙江先生，已是华灯初上时分。

我一边开车，一边听收音机，换了几个台，都在说跨年的事儿，很是热闹很是喧嚣。于是，我关了收音机打电话。我先是打给何泽勋先生，他写了一本茶书《行茶》，我想了解其出版进程。接着，我又给天门茶经楼博物馆张雅琴老师打电话，约他到台里来聊聊陆羽的故事，录制一些节目。张老师很支持我的想法。

最后，我又给两位茶界前辈打电话，致以新年的问候。

一边行车，一边通话，电话打完，刚好到家。吃过饭，看了新年献词，随意换频道，我居然翻到一个熟悉的身影。原来是浙江大学王岳飞教授，在讲他的"江湖悬赏令"——听过他的课3个月后如能完整背出陆羽《茶经》，可在他办公室搬走任何一样东西。

这件事，我在节目中讲过，这已经是茶界佳话了。看完这期节目，我关了电视，拿起手机，发现有许多朋友发来新年问候。其中，一位茶友给我推送了一条信息，我一看就笑了，居然又是王岳飞教授的公开课——《茶与人民美好生活》。

王岳飞教授的这个茶文化知识系列讲座很精彩，我曾有幸在武汉听过现场版的，但网络版的没看过，也就饶有兴趣地点开看了起来。王岳飞教授是著名的茶学专家，语言风趣，讲课故事性强，课件内容也丰富，许多茶友都很爱听他讲课，我看了也挺受益。

2019年的最后一天，我与往常没有任何不同，平静如镜，波澜不惊。我很满意这种生活状态，忙碌但不浮躁，充实但不虚华，与茶一样，低调，平和，恬淡。我想，平凡人能把平凡的日子过成好日子，一定不能没有茶。

至少，于我是如此。

新年第一声美如茶

2020年的第一天，我在办公室中度过。

虽然是过节，但我也必须得去上班，因为广播电视台的节目不会因为过节而停播。一年中，我们主持人只有国庆与春节可以调休6天，调休也得把节目先录制好。

一大早起来，我很意外地收到了一位我非常尊敬的前辈——柳棣老师的诵读推文《2020新年快乐》，于是欣喜地点开聆听。60多岁的柳棣老师虽然已经退休，离开了播音主持岗位，很少在公开场合露面，但她对播音朗诵艺术的热爱与追求从未停止，一直在身正垂范，扶持后辈。

2019年11月22日晚，我们许多领导与同事还曾为她举办一个盛大的"柳棣语言艺术生涯50年庆"活动，引起听众与观众的极大反响。在现场聆听了柳棣老师的艺术生涯故事与播音朗诵表演后，一向心浮气躁、疏于苦练基本功的我感到着实汗颜，这也激励着我不时练声练气，练吐字归音，练精准表达。

柳棣老师的新年第一声，的确是天籁之音，对耳膜与心灵都是一种莫大的享受。

我一连听了两遍，觉得还听不够，就分享到了朋友圈，我将其称之为"天籁赐福"——希望柳棣老师的天籁之音能在新的一年给我们带来幸福。

在我看来，柳棣老师的声音，就像久经岁月磨砺与沉淀的茶，口感绵柔而劲道十足，滋味醇和且更加顺滑，茶香陈郁内敛，回味隽永悠长。聆听柳棣老师的声音艺术，让我对自己的职业生涯抱有非常美好的向往和追求，虽然很难达到柳棣老师的成就与高度，但这种追求美好之路的旅程，不也是另一种美好吗？

生活为什么需要茶

2020 年上班的第一天，通过以上分享与思考，我不由得想：阳光只会照映那些在蓝天下、在野地里辛勤劳作、积极生活的人，蜗居在室内空想世外桃源也许可以躲避太阳的炙烤，获得一时的安逸，但却享受不到劳动与收获的乐趣，享受不到热烈又健康的生活。

茶真是个美好的事物。对国家对社会来说，"一带一路"民族复兴离不开茶，金山银山脱贫攻坚离不开茶，健康中国幸福生活也离不开茶；对平凡百姓普罗大众来说，茶是待人接物的媒介，茶是友好和睦的润滑剂，茶还是表情达意的信物。总之，美好生活都离不开茶。

而我们也不可否认，人们对生活的理解是有差异的。

悲伤的人会说："生活就是我苦苦追寻的梦想与现实之间的遥不可及。"快乐的人会说："生活是那宁静的夜与满天的星空，它能让我记住岁月的美好。"我也曾听到有茶友说："生活就是我与茶杯的距离，闲暇之余，体会到一杯清茶的心意。"我欣赏后两者的人生态度。

我常常想：生活为什么需要茶呢？最后我给自己的答案是：因为有茶相伴的日子，生活总会来得更有滋味、更能回味。所以，在已经到来的 2020 年，我会继续喝茶，继续传播茶文化。无论天气阴晴雨雪，无论心情高低起伏，都一定要让自己的身边有一杯茶，一杯散发着淡淡芳香的茶。

2020 年，我也希望有更多的朋友，美好的一天，就从一杯茶的时光开始！

2020 年 1 月 2 日

目 录

茶人篇

茶人·好人·老人

扫一扫，听音频

杨胜伟

初见　不忘初心

第一次见到杨胜伟老先生，是 2019 年 3 月底。

我们在"蓝焙·恩施玉露"产业园见面，这是老先生的徒弟蒋子祥创办的企业。当天清早，白雾笼罩，春寒料峭，听说各地经销商都来订货，82 岁的老先生一早就上山给徒弟站台来了。于是，我在会前半小时抽空采访了老先生。

头一年，老先生全程参与主持制作国家外事活动东湖茶叙用茶"恩施玉露"，随后又被命名为国家级非物质文化遗产恩施玉露传承人，他的故事于是被大量挖掘，受到社会的广泛关注。我去采访时，老先生已经成为"中国好人"年龄最大的候选人，正在进行网络票选，我想借此请老先生谈谈关于"好人"的话题，做个好报道。

但令我意外的是，老先生不谈好人，只说茶人：谁的茶越做越好、喝茶有啥好处、玉露有何特点、最近在哪儿培训茶农……句句不离本行。他面容慈祥，言语朴素，没有高腔大调，没有智者箴言，与一些高深莫测、云山雾罩的所谓"大师"完全判若两人。

初见　蒋子祥（左一）、杨胜伟（中）、林木（右一）

我问老先生："您是恩施玉露唯一的国家级传承人，也被国际茶叶委员会授予'国际硒茶大师'，为啥不借机推出自己的大师茶品牌呢？现在大师茶都很赚钱。"

老先生笑了："国家每个月给我好几千元，我不缺钱，我是个老师，我只专心教学，不参与商业与经营，我的初心就是教书，传授制茶技艺，让我们山里的百姓以茶致富。"

老人的话，说得很平实，这期节目搁置了很久才终于播出，我想蹭热点做个"好人好报道"的目的好像并没有达到。

再见　谦让之"孔丘"

第二次见到杨胜伟老先生，是2019年6月底。

我们在武汉生态学院出席一个茶学论坛，与会嘉宾中，除了杨胜伟老先生，还有中国茶文化重点学科带头人余悦教授、华中农业大学茶学专家倪德江教授、浙江大学茶学专家王岳飞教授、陆羽茶文化研

再见　杨胜伟（左）、林木（右）

究会石艾发老先生等茶界名人。

会上有一个名茶推荐环节,重点推介"星斗山·利川红"与"润邦恩施玉露"。星斗山的董事长卓万凯先生来了,润邦的董事长张文旗先生因故缺席,所以特别请杨胜伟老先生代言。

杨胜伟老先生当了一辈子老师,站了一辈子讲台讲坛,什么场面没见过?这种行活儿真可谓小菜一碟。但那天他在讲台上坐得很端正,凝神静气,专心听讲,规矩得像个听话的小学生;轮到他发言时,讲话言简意赅,绝不多占半分钟,语调更是一贯的低调平和,并再三请各位专家学者批评指教,谦卑得就像个机关里刚刚报到的实习生。

论坛持续了整整一天,但老先生以八旬高龄,全程参与,自始至终,精神矍铄,端坐如仪,没有借故离座片刻。会议结束,我上前与他合影时,老人家热情地握住我的手,还谦让地后退了一小步。

人群中的杨胜伟老先生,没有顶着大师的光环,他看上去就是一个慈眉善目的普通老人。如果不去了解,你大概不会知道,这位平凡的老人,在长达一个甲子的漫长岁月里,先后编写了多部茶学教材,培养了1000多名茶学专业人才,加上行走乡间所收的茶农弟子,累计教导了3000多人,其中,熟练掌握恩施玉露传统制作技艺者392人,代表性传承人2名。退休20多年来,他为40多家茶企当顾问,又免费培训了制茶技术工人2万多人,其弟子之多,影响之大,堪称"茶界孔丘"!

又见 言信行果

第三次见到杨胜伟老先生,是在2019年的中秋茶会。

9月12日,《一杯茶的时光》以"传承"为主题,在东湖之畔举办了一个盛大的"中秋茶会",首次邀齐了湖北茶界的三位荆楚工匠一起同台,并邀请了两位全国知名的制茶大师出席助阵,其中就包括杨胜伟老先生。

杨胜伟老先生听说我在筹办这个活动，非常支持，立即应允，表示一定参加。但我担心的事儿还是难以避免，因为夏秋季节变化突然，9月9日，老先生身体不适，高烧到39°，住进了医院。眼看是来不了了，老先生在微信和电话中再三向我表示歉意。

没有办法，老先生与会的消息已经放出去了，覆水难收。为了向茶友与公众有个交代，9月11日上午，老先生硬是坚持着让弟子蒋子祥先生在病床上给他录了一段视频，带到"中秋茶会"的现场，问候会场内外的茶友。

在录制视频的过程中，老先生虽然高烧未退，卧病在床，但他强打精神，配合着我们的工作，一遍录罢，怕我们不满意，又录了一遍。视频完成以后，他又亲自打电话给我予以说明，纠正录像中的缺失。视频中的老先生，依然有着精准的表达，依然是平和的语调，依然是慈祥的笑容。

看到这一幕的现场观众，纷纷对老先生致以热烈的掌声，祝愿他早日康复，幸福吉祥。我想，这掌声，既是对一位老人的美好祝福，也是对一位茶人的无上致敬！

后见　众望所归

9月下旬，我充满了期待，因为我终于又可以见到杨胜伟老先生了。

其时，湖北省总工会主办的第三届"荆楚工匠"名单揭晓，将于9月25日在东湖举行颁授典礼，众望所归的杨胜伟老先生光荣上榜。于是，已经康复出院的杨胜伟老先生决定启程来武汉，出席颁授仪式。

在此之前，杨胜伟老先生已经是国家级非物质文化遗产恩施玉露传统制作技艺的传承人，并且是唯一的国家级传承人，还是国际茶叶委员会授予的"国际硒茶大师"，国内国际的名誉他都有了，应该并不奢求锦上添花再得一个"荆楚工匠"的荣誉。

但世道自在人心，政府不会忘记那些为社会做出杰出贡献的人，这个迟

后见　张丙华（左一）、周金云（左二）、杨胜伟（右二）、林木（右一）

到的"荆楚工匠"的荣誉，也成就了另一个茶界佳话：蒋子祥先生与他的老师杨胜伟老先生先后荣获"荆楚工匠"，这是时代对"工匠精神"传承的褒奖与肯定！

行文至此，我突然想起了第一次见杨胜伟老先生时他讲到的一个故事。有一天，老先生先后接到两个骗子的电话，说只要老先生付 4000 元，就能帮他刷票，并保证高票当选。对此，老先生断然予以拒绝，他告诉对方说："别说 4000，就是 4 万我也出得起，但拿钱买来的好人，这还是好人吗？"

我问老先生："在您的心目中什么叫好人？"

老先生爽朗答道："不忘初心，诚信处世！"

这就是一个茶人，一个好人，一个老人硬邦邦的人生态度！老人的话，值得我们慢慢品味、细细回味……

听闻　榜上有名

当我写下以上文字不到半个月，9 月 28 日早上，中宣部、中央文明办发布了 2019 "中国好人榜"，杨胜伟老先生光荣上榜。得知此消息，我给杨胜伟老先生发了一条微信：

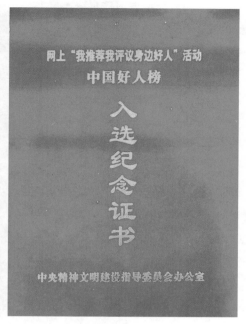

"中国好人榜"入选纪念证书

　　杨老师，"中国好人榜"您光荣上榜了，这是意料之中的事，我非常高兴。您的高尚品德应该被更多国人知道与学习；您入选中国好人，我就不祝贺您了，因为您无须祝贺。好人，是您老固有的本色，您是否入选，在我心中，都一样，永远是好人。我只衷心祝您：健康、快乐、长寿！

　　我希望再次见到杨胜伟老先生。

2019 年 9 月 28 日

茶人老纪

扫一扫，听音频

纪晓明

老纪是我非常敬重的茶人。

第一次听到老纪，是在广播里。前几年《中国之声》开了一个《老纪说茶》栏目，主持人声音敦厚，讲述的内容也尤其勾人，虽然每次节目仅一分钟左右，但让我印象深刻，听了还想听。广播的魔力就在于它具有无穷无尽的联想空间。当时我就想，老纪应该是一位知识渊博的长者吧？否则，何来如此深厚的茶文化底蕴呢？

第一次看到老纪，是在电视上。我平时看电视少，有一次看 CCTV 财经频道，居然在"国家品牌计划"阵营里发现多了一则广告：泾渭茯茶，味道中国。广告中的主人公，板寸短发，眼神坚定，声音似曾相识。我当时就想，这位广告明星是谁呢？后来有朋友告诉我，这就是老纪。我笑了，老纪不老嘛！

第一次采访老纪，是 2018 年初冬。武汉秋季茶博会期间，泾渭茯茶湖北经销商傅智慧请了咸阳泾渭茯茶有限公司（以下简称泾渭茯茶）总经理周兴长先生前来助阵，我也应邀前往。周先生很热情，诚邀我去公司参观。我对泾渭茯茶也充满了好奇，两周之后就飞到了咸阳，于是见到了在广播电视中认识了许久的老纪。亲见老纪，我发现他比电视上更年轻、更随和。

于是，我开始了采访。

我的采访从一幅秦俑阵般的书法作品《泾渭茯茶赋》开始。当时，我发现泾渭茯茶厂部大厅会客室的左墙上挂着一幅书法作品，约五六百字，一看作者署名，居然是老纪，不觉就读出声来：

纪晓明（左）、林木（右）

巍巍昆仑，绵绵华夏，道儒同宗于尧舜，人文始祖于三皇……以精绝之技艺，立茯茶之源于中国，启中华商业文明以先河……纵横西域三万里，铭香各族六百年，长盛不衰……今建章之侧，泾渭茯茶复兴于盛世，立于长乐未央之畔，造茗农长乐未央之福，志广大陆子茗饮之事，合承弘先人伟业于天地。

《泾渭茯茶赋》

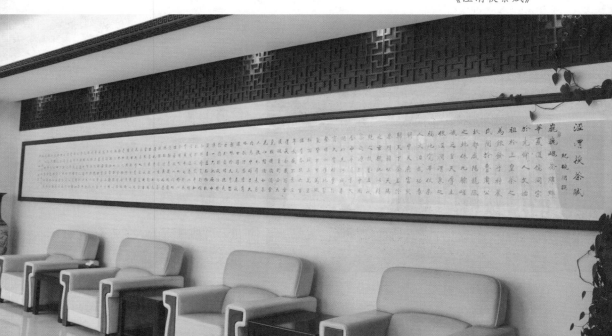

这篇赋文,通篇读来,文采斐然,字里行间透着天地悠悠之情怀;细细品味,壮怀激烈,在中华茶史中纵横捭阖却又沉稳厚重。它既追溯了一段秦人制茶的辉煌历史,又表达了一位茶人的谆谆追求,令人读后为之遐想、为之动容、为之钦佩。

我请老纪也当了一回"朗读者",老纪欣然应允。他站起身来,手持话筒,眼望墙壁,一边朗声诵读,一边缓步而行。他步伐稳健,声调高亢,掷地有声,虽然是普通话,却仍不失秦音秦腔之铿锵。我真有耳福,近距离聆听了一回精彩纷呈的《老纪说茶》。

电视上的茶人老纪,也许略显正式与严肃,但我面前的老纪,身穿黑夹克,足蹬运动鞋,是个很休闲很随和的人。老纪的"纪",是个多音字,一般读"jǐ"音,比如,纪念、纪实等;在姓氏中,"纪"就应该读"jǐ"音。但大家都叫他"纪(jì)总"或"老纪(jì)"。对此谬误,老纪自然心知肚明,但他不仅从不纠正,反而随大伙儿的读音常以"老纪(jì)"自称。我想,大概在老纪心里,姓与名只不过是个记号,身前事远重于身后名吧。

老纪还对我说,历史证明茶运即国运,但凡茶业兴旺、丝路通畅,必是中华强盛国运昌盛的年代,因此,中国茶业复兴也是中华民族伟大复兴的题中应有之义。复兴陕西茯茶的昔日荣光是他一生的梦想,打一开始,他就没想过要把泾渭茯茶做成一个家族企业。如今,泾渭茯茶的核心管理团队与研发团队都是来自五湖四海,大部分人都拥有股份,并吸引了 30 多名茶学专业研究生人才加盟,仅 2018

泾渭茯茶

年就已向国家上缴利税达 2000 多万元，远居行业前列。

采访中，我还了解到，老纪生于陕西三原，祖籍湖北大冶金牛，面食与米饭都是他资以成长的主粮，而复兴丝绸之路上具有 600 多年辉煌历史的陕西茯茶是他上大学以来不曾改变的夙愿。

老纪说这话的时候，语气平和低调，但我却想到了先人们两种大无畏大有为的精神境界：古有楚人筚路蓝缕奋发图强，始有誓言不服周封子为王的英雄本色；昔有大冶铜录山之青铜铸礼器，始有秦武王问周鼎重几许的万丈豪情。老纪的身上流淌着楚秦先祖的双重血脉，自然就有了非比寻常的心胸与格局！

老纪是纪晓明，泾渭茯茶董事长，陕西茯茶复兴者。

2018 年 12 月 28 日

茶因你而欢喜

扫一扫，听音频

范增平

2019 年 5 月 16 日晚上 19 点，叹茶居，茶会开始。右为贵宾，范增平范老先生；左为主人，段肇红先生。我坐在他们中间，忝为主持。

闻讯而来的茶友很多，有见过的，也有没见过的，满满一屋子人，安静地围桌而坐，显得充盈有余，轻松不足。

我不喜欢拘束。推己及人，我也不喜欢别人拘谨。所以，我开宗明义地说："今晚将是一个非常轻松愉悦的聚会。"于是，现场气氛开始活跃起来。

第一个项目，香道。

我拿着手机，照着解说词，配合香道师，先快后缓，念了一遍。但表演完毕，开始暖和的氛围，似乎又肃穆了一些。

我把手机往旁边一推，随口说了一句："主持不能念稿子，得说点人话。"大家立刻附以轻松愉悦的笑容，我也笑了。我又说："范老先生带来的这罐茶，是来自海拔 2700 米的台湾玉山高山乌龙茶，大家不用老盯着，今晚都是我们享用的。"

香道展示

大家又都笑了，范老先生也笑了，胡须在颤动着。

我于是请今晚的主角范老先生讲话。一开口，范老先生就讲起了故事。他讲去年同一时期如何与段肇红先生结缘，他讲特殊年代如何通过中国香港地区品饮内地茶，他讲自己如何在湖北恩施品鉴玉露茶……他的思维，脉络清晰；他的谈吐，干净利落；他的语音，沉稳厚重。

75岁的范老先生告诉大家，茶是海峡两岸共有的中华文化，从20世纪80年代起，他就在内地开培训班传授茶艺，传播中华茶文化。他是第一个把台湾茶艺带入大陆的中国人；从1993年开始，他就在大陆各地举办各种茶会以茶会友，传播中华传统文化，他将此称之为"欢喜茶会"。而这晚，在湖北，在武汉，在叹茶居，是他参与的第314场"欢喜茶会"。范老先生说，他很高兴从中国台湾来到武汉，他希望与会的各位茶友，都把这种"欢喜"的体验带回这个社会的千家万户，把这种"欢喜"的感觉带到这个国家的每一个角落。

我侧过身，认真地看着范老先生讲话。我突然觉得，在那花白络腮胡子

叹茶居的"欢喜茶会"

的掩映下，他的双唇所讲出来的每一句话，都如一串古朴严整的繁体方块汉字，温文尔雅，掷地有声，让人回味。

大家都认真听着，脸上漾着会心的微笑。

是的，这就是——欢喜。欢喜，真是个好词儿，它让人轻松，它让人欢欣，它让人喜悦。

我很喜欢范老先生所说的"欢喜"二字。在我老家的话语体系中，"欢喜"表示高兴、愉悦、幸福的感觉；在现代汉语词典中，"欢喜"指欢乐心喜、喜欢喜爱的心情。这个"欢喜"，让我们的"茶会"变得意味深长。

"叹茶居"主人段肇红先生是睿智的。他说，他很高兴范老先生跨越海峡两岸的"314"这个数字落在湖北武汉，落在叹茶居，因为在数学上，3.14 表示圆周率，这既表示了一种团圆，也揭示了某种规律……

我一边听一边想：范老先生的下一场"欢喜茶会"，将会是怎样的呢？这么想着，不觉就入了神……

2019 年 5 月 20 日

扫一扫,听音频

2019 年只剩最后一天了。

新年即将到来,该清理电脑为新的岁月预留空间了,于是我又一次翻到了范老先生在武汉的照片,又细细地看了一遍,最后决定不删,就留在电脑里。

下班时刷朋友圈,我又刷到范老先生在广东清远交流茶文化。范老先生说,这是他今年的最后一场茶会,也是他在大陆的第 337 场欢喜茶会。

分别才半年,范老先生在祖国大陆的欢喜茶会又增加了 23 场,我在感叹时光白驹过隙的同时,也在默默祈愿来年只争朝夕。

这也让我不禁再次想起了第一次与范老先生相见时的情形。

2019 年 5 月 14 日上午 11 点半,叹茶居茶馆的段肇红先生发来微信说,台湾地区茶界名宿范老先生到访武汉,他计划举办一场欢喜茶会,想请我去主持。

我爽快地答应了。

那时,我还没有见过范老先生,但茶的江湖里早已有他的传说。他的"范师茶艺三段十八步"是最早传入大陆的台湾茶艺,很受茶友欢迎。既然有机会与其相遇相识，我又怎能错过呢?

无独有偶。5月16日一早，湖北省茶业集团总经理李云女士在杭州也给我发来微信说，宜红云端茶馆当天下午有个高端茶会，想请我有空去坐坐。

我欣然答应。

宜红云端茶馆我去过几次，4月初还曾应邀在那里举行过春茶品鉴会，那里格调高雅，品味不俗，在武汉可谓是个难得的享茶空间。有高朋相聚于此，可谓不亦乐乎。

中午13点，结束直播后，我顾不上吃饭，就匆匆往汉口江滩赶去。到达江城明珠豪生大酒店，乘电梯直上39楼，这就是可俯瞰两江三地的"宜红云端茶馆"。

走进靠北的那间最大的茶室，宾客早已围桌而坐，正谈笑风生。此时，就见靠幕墙一侧端坐着一位儒雅老者，身穿暗红短袖对襟衫，头戴深灰色贝雷帽，花白的络腮胡子修剪齐整，透着优雅、随和而坚韧的气质。

这就是范老先生。我不觉得宛然而笑。原来，段肇红先生、李云女士与我说的是同一件事，约的是同一个人哦!

见到我，范老先生点头含笑，主动招呼:"林先生，我们提前见面了。"

我伸过手去，躬身致意:"久仰范老先生大名，幸会幸会。"

他的笑非常亲切，他的手非常温和，让我想到了"谦谦君子，温润如玉"。

茶会上的朋友大多是熟人，宜红茶夏清女士、楚天茶道舒松先生、辛亥革命博物馆万学工先生、宜红茶艺师罗黎刚女士，以及范老先生的学生齐姐和尚姐等，大家品茗聊天，其乐融融。我也频频提问，不放过每一个采访的机会。

品过湖北名茶米砖茶与宜红茶，范老先生频频点头，一边称赞，一边从随身携带的布包里掏出一个绿色圆柱茶盒，说要请我们品品台湾高山乌龙茶。

品过一杯后，大家都赞不绝口。范老先生的茶，汤色蜜绿鲜艳，略带金黄，香气优雅高扬，口感甘醇顺滑，确实非常好喝。

范老先生说，该茶产自海拔 2700 米的台湾大禹岭野茶区，生态与原料都属上乘，全手工制作，市场上买不到，所以显得珍贵。他自己也只有这一小盒，但他愿意全都拿出来与大家分享。

除了是个茶文化研究学者外，范老先生还是个传统价值观的布道者。他的许多金句我至今都还记得。

比如：茶与水的相遇是生命的再次苏醒，也是一种饮食文化与精神境界的诞生。

又比如：喝茶是为了什么？为了欢喜，为了健康。学茶艺教茶艺又是为了什么？为了表演，为了卖茶吗？都不是，是为了文化。

再比如：喝茶是为了什么？为了解渴吗？是，也不是，茶是中华文化，是处世

大禹岭野山茶

规矩，我们的文化密码藏在茶里，就是古人提倡的"为往圣继绝学，为万世开太平"（北宋理学家张载《横渠语录》）。

范老先生有个动作我印象特别深刻。他端起茶杯，细细品咂，慢慢回味，然后开腔。

他的话不疾不徐，娓娓道来："文明是什么？就是吃饭喝茶，这就是文明。坚守文化传统，做有规矩的文明人，就是中华文化的复兴。当国家实现了统一，老百姓得享太平，中华民族才会迎来伟大复兴。所以我说，两岸品茗，一味同心。"

长者之言，殷殷之情，拳拳之心，溢于言表。范老先生的这席话，让我

们感受到了面前这茶杯的重量与分量，席间出现了片刻的静默。

宋代理学家周敦颐说："文所以载道也。"文以载道，是关于文学社会作用的观点。但我觉得，"茶以载道"也同样适用：中国茶文化，经过数千年的传承，它早已超越物质层面，更多地进入了精神层面，融入血液，融化在生命中，形成了我们的文化基因。

范老先生是北宋杰出的思想家、政治家、文学家范仲淹的第三十代后人。范仲淹所倡导的"先天下之忧而忧，后天下之乐而乐"思想和仁人志士节操，对后世影响深远。文以载道，是文人情怀；茶以载道，也是茶人情怀。作为范氏后人，范老先生也继承了先祖的爱国精神与思想。不同的是，他以茶为美，以茶为媒，以茶表达自己的思想。

是故：茶中有大义，茶中有大道！

2019 年 12 月 31 日

扫一扫，听音频

李爽

有些人，需要走近了才能认识。

有些事，需要读懂了才能明白。

有些茶，需要品过了才能回味。

比如香姐，比如李爽，比如"古普凝香"果敢茶。

认识一个人

一天晚上，我的同事婷婷发来微信："你知道果敢茶吗？"

果敢，中缅边境地区，原为中国领土，后来划归缅甸。2015年果敢爆发战事，曾一度炮火纷飞，殃及两地民众，世界为之瞩目，果敢因此而知名。2018年4月，我到云南普洱、西双版纳等地采访时，也曾听当地朋友介绍，果敢山高林密，生态环境好，古茶树颇多，滇缅民间，往来频密，果敢茶也大受欢迎。

婷婷说："我朋友香姐是做果敢普洱茶的，介绍你们认识一下吧！"

她把我拉进了一个小交流群。于是，我与香姐就此聊上了。原来，香姐

妈妈做的茶

也是湖北人士，老家在襄阳，先是嫁到荆门定居，后又南下深圳发展，再后来迷上了普洱茶不能自拔也不愿自拔，便辞掉工作，不远千里跑到云南去采茶、制茶，过着颠沛劳碌却逍遥自在的生活。

上面这番有关香姐的简要介绍，是我的归纳。她说起来平淡简单，一语带过，我却听出了其间的九曲回肠，猜测着话语背后的故事，于是就想见见她。但香姐说，时间不凑巧，暂时还无法回来，请先到她在汉阳的店里坐一坐、喝杯茶，她儿子一般都在店里。

一周之后的周五下午，我终于得空，去了一趟汉阳知音国际茶城，在 10 栋 A区 303 找到了"古普凝香"茶店，见到了香姐的儿子李爽。于是，我品到了一杯果敢茶本真的味道。

"古普凝香"茶店

品味一杯茶

五六年前，其实李爽是不喝茶的。在他少年的印象中，茶是苦涩的东西——有人居然爱茶，这真是不可思议。他不爱茶，但他爱妈妈。妈妈到云南与缅甸做茶后，母子俩聚少离多。他原以为，妈妈的生活就像她的朋友圈一样，天高云淡，风景如画，游山玩水，潇洒快乐。

但当他来到云南临沧南伞、缅甸果敢之后，这才发现，妈妈不是一个晒着幸福的游客，而是一个地地道道的茶农。她与当地茶农一样，上山采茶、下山做茶，每到茶季，就夜以继日地忙碌着，让每一片鲜叶在自己的手下揉搓成优质美味的古树茶。

李爽还注意到，妈妈变了，皮肤变得黝黑了，双手变得粗糙了，曾经年轻的面容也渐渐变老了。妈妈的这些变化，让渐渐长大的李爽感觉到了自己身上应该分担的责任。尤其当看到妈妈偶有空闲就会歪头打瞌睡的时候，李爽更是深深地感觉到妈妈的辛勤与劳累。

李爽说，他也希望妈妈能停下来多休息，但她就像一台永动机一样从不停歇，每每看到自己亲手采制的茶叶获得茶博会金奖，或受到茶客的热情欢迎，妈妈那脸上的满足感与幸福感就显露无疑。他也因此受到了感染，当再次品尝妈妈亲手做的茶时，他已感觉不到苦涩了。

李爽这才发现，原来自己已经在不知不觉间深深地爱上了茶。之后，李爽辞掉了工作，回襄阳老家开了一间茶店，专卖妈妈做的茶，以茶会友，以茶静心，以品茶为乐，以卖茶为业，生意做得也还不错。2018 年，他又把店开到了武汉，以期遇见更多喜爱果敢古树茶的朋友。

我也细细品味了李爽给我沏的多款果敢茶。他问我喜欢哪一款。坦白说，我觉得都不错，香浓、味醇、气足，叶脉完整，经久耐泡。但我更青睐最后冲泡的那款白茶。李爽问，为什么？我说，出汤清淡而香醇，入口平和而回甘。李爽听了，黑框眼镜后的双眼满含笑意，露出一副安静而阳光的样子。

果敢茶

想起一首歌

那天，我还保留下了一段与李爽的谈话录音。但也许是我的状态不佳，又也许是李爽第一次面对话筒有些不适应，总之，我的提问，不咸不淡；他的应答，像挤牙膏。回来细听了两遍，我还是觉得达不到自己的播出要求，就又要求李爽到电台录制一遍。第二天一大早，李爽就来了。我下去接他时，这个年轻的茶人披着一身的阳光，安静地站在大门口等候着。这一次的交谈，我们都很满意。

就在准备剪辑制作这期节目时，我突然想起了一首歌。

16 年前，我听过一首歌，周杰伦的《爷爷泡的茶》，方文山作词，周杰伦作曲，透着浓郁的茶香与浓厚的亲情，一听我就喜欢。方文山还凭这首歌曲入围了台湾第 14 届金曲奖最佳作词人奖，我想，一定是这首歌词中富于中国情怀的茶香与亲情打动了评委会吧。

听说，为了写《爷爷泡的茶》这首歌，酷爱古典文学的方文山收集了大量的资料，并且研究了制茶的过程，在歌词中加入了"陆羽"这个时空背景，让歌曲意境有了画面感的呈现。我觉得，这首歌是传承家庭亲情与中国茶文化的。其中的歌词也颇值玩味："爷爷泡的茶，有一种味道叫做家；陆羽泡的茶，听说名和利都不拿；爷爷泡的茶，有一种味道叫做家；陆羽泡的茶，像幅泼墨的山水画。"

古人讲究修身养性，认为茶能养心亦能养德。的确，听一曲周杰伦、方文山的《爷爷泡的茶》，品一口李爽妈妈香姐做的"古普凝香"，既有生活的禅意，也是禅意的生活。当茶香扑鼻、茶汤润喉、茶气通体之时，回味一下这茶壶杯盏中的氤氲之气，遥想一下那彩云之南的云淡风轻与茶韵飘香，什么世俗的名利，什么生活烦忧，全都抛诸九霄云外了……

既然如此，不如喝茶去吧！

2018 年 8 月 31 日

扫一扫，听音频

香姐

她在炮火中做茶

　　我第一次见香姐，是在 2018 年的大连秋季茶博会上。两个湖北老乡在异地因茶而聚，并不因为陌生而拘束。我忘不了她的茶，也忘不了她谦逊的话语："这是我自己做的茶，请林老师品一下，多提宝贵意见。"

　　其时，香姐身穿一袭水墨山水画棉布宽松旗袍，优雅地坐在一块用破旧麻袋制成的画布背景下，可谓低调简朴到了极致。但正因为如此，倒显得她气质独特。

寻茶追梦

　　香姐很爱做茶。

　　我所说的做茶，是自己亲自上手，从茶园的选择、原料的采摘、茶叶的制作，每一个环节都亲力亲为，而不是大马金刀地端坐茶席，伸出两根白皙粉嫩的手指端起一杯茶，很夸张地猛喝一口，很陶醉地缓缓咽下，然后深情告白："这是我做的茶，好喝吧？"

　　香姐是前者。

香姐说，她的茶来自中缅边境的果敢地区，以及一个叫南伞的高山小镇。她的茶很香，很好喝，从条索、色泽、香气到滋味，全透着南国边疆的神秘气息。

香姐说，为了追寻好原料，她一路追到了那个曾经战火纷飞的地方。她的双手略显粗黑有力，脸上有常年日晒劳作留下的斑点，这是岁月赠给茶人的一枚勋章。

我曾数次采访香姐，追问她做茶的经历。香姐说，不为别的，只因喜欢。我再追问，她就说，有一天，她隔着窗户看见了几个穿旗袍用紫砂壶与青花瓷盖碗泡茶的姑娘，她觉得美极了，就走了进去，于是从此迷上了茶，走上了追茶、制茶之路……

香姐活得很真实。真实也是一种浪漫。

知足常乐

香姐真会做茶。

追茶、做茶十几年，从山村茶农到制茶大师，香姐孜孜以求虚心习茶，一路拜师无数。中国六大茶，除了乌龙茶，香姐不仅都做过，而且多次载誉而归。下面晒一下她近年取得的成绩：

香姐取得的成绩

2015年，"果敢凝香"荣获第十一届深圳茶博会（普洱茶组）金奖；

2017年，"凝香红"荣获上海国际茶业博览会（红茶组）金奖、"月色凝香"荣获深圳国际茶产业博览会（白茶组）银奖；

2018年，"边疆之春"荣获上海国际茶业博览会最高奖特别金奖……

作为茶人，香姐应该自豪。

做茶就得卖茶，但香姐真不像个生意人。只要人家喜欢她的茶，她就高兴得不得了，不管人家买不买，往往都要馈赠一些，并说："喝了茶如果感觉好，可以不告诉我，但如果感觉不好，请一定要告诉我。"

我曾为她心疼，忍不住就说，你这样做生意会很亏的。但她却说："没关系，我自己做茶成本低，只要卖茶的钱够我继续做茶就行了。"

我还问过香姐，你有没有想过，借着获奖的机会，把你的茶厂规模做得大一些？香姐就露出了孩子般烂漫的笑容："我不想做大赚很多钱，我只想做好手里的这一杯茶。"

香姐活得很知足。知足的人最快乐。

那人正在南伞处

2019年3月19日中午，我在前往恩施寻茶的动车上，收到香姐发来的几张照片。

第一张，是一棵刚冒出新芽的被砍伤的紫芽茶树，香姐说，她看到这棵树，自己也感到很受伤、很无语、很无奈。

第二张，是香姐站在南伞与果敢交界地区的一棵紫芽茶树下，她的剪影已经与树融为一体，让我看了浑身一震，直冒鸡皮疙瘩。

我大概能读懂香姐的心情，联想到香姐的追茶之路与爱茶之情，不由得写了几行字发给香姐：

被砍伤的紫芽茶树　　　　　　　香姐在紫芽茶树下

因为一回眸，她看见了一片叶；

因为一片叶，她奔向了一座山；

因为一座山，她找到了一片天；

因为一片天，她发现了一种爱；

因为一种爱，她站成了一棵树；

因为一棵树，她变为了一片叶；

因为一片叶，她修成了一个人；

她是茶人，她叫香姐。

3月22日，香姐给我发来微信，兴奋地说，她已经带着她的队伍进山采茶了。这是新春第一波集中开采，她的兴奋之情溢于言表，我也受到了感染，想做点什么，为香姐加油。

群友们都说，非常想去品鉴香姐制作的紫芽茶。我想，这个主意真的不错哦！于是我在我们茶友群发了通知，不到几分钟，品鉴团立刻成军。

3月26日深夜，茶友彭奕医生突然给我发来了几句话：

知音城里觅知音，古普凝香紫芽情。
梦里寻她千百度，那人却在滇缅南伞处。

彭医生说，这是她特地为香姐而写，一想到香姐在边疆辛苦做茶，一想到第二天就要品到盼望已久的香姐做的紫芽茶，她就睡不着，就想表达一点什么。我为此而感动并感慨道："原来不止我一个人因香姐而感动啊！"

香姐很忙，她无法来现场与大家相见。作为茶人，香姐必须长期在茶山上与茶树为伴；作为茶人，香姐必须在茶山上体察每一片茶叶的萌发与生长。

缅甸果敢温润明媚的南亚气候，极为适宜古茶树的生长。此时，那里正暖阳高照，早晚雾气蒸腾，正是春茶萌发的好时节。

3月27日，香姐在电话中说，果敢茶山的古茶树已经发芽了，这个春节，

果敢景色

她依然如故，陪着她的茶宝宝过年。但大家还是想见见香姐，最起码也要去她的"古普凝香"茶店品一次茶，听着她的声音，品着茶中的滋味。

香姐不能回来，非常遗憾。好在，还有香姐的儿子李爽，他已经放假回家与妻子团聚了，但因为朋友们的热情，他又携美妻回到了武汉。

于是，一大群茶友，从武汉三镇出发，聚合于汉阳知音茶城，走进了"古普凝香"，听香姐的故事，品香姐的好茶……全然一派家人团聚的气氛。

其时，香姐正在果敢茶山攀树采茶。我试着拨了几次电话，大概边境线上的茶山信号不好，我最终没有联系上她，但我们分明感到，香姐离我们并不遥远，她就在我们中间……

大家说，香姐的茶，香！

心怀感恩

做茶是香姐事业的全部。

香姐长期定居南伞，带着一群中缅茶农上山采茶制茶，是当地精准扶贫工作中的骨干分子。她说，那里早已是她的家，当地农民善良、淳朴、热情，没有他们的帮助，她做不了自己喜欢做的事。

只有过了繁忙的春夏茶季，香姐才有空出山，时而参加各地秋冬季茶博会，与广大茶友分享她制作的好茶，时而应邀出国参展与交流。香姐说，茶友喜欢她的茶就是她做茶的动力。

曾经的果敢，一度硝烟弥漫。某一天，香姐坐在她位于国界线旁的"凝香

香姐

小院"的屋顶远眺，当看到一边是炮火纷飞、生灵涂炭，一边是军队严阵以待、百姓安居乐业时，她低头看着手里端着的自己制作的那杯茶，以一个普通劳动妇女的思想觉悟深刻地感受到，有一个强大的国家是多么骄傲，有一个安定的环境是多么可贵！

有朋友曾多次劝她："离开那个边远落后又危险的边疆小山村吧，看你，年纪不老，脸上就长斑了！"香姐笑了，她说："这哪能行？我这是好不容易才长出来的斑，得好好珍惜呢。"

香姐活得很感恩。感恩的人最美丽！

2019 年 3 月 29 日

香姐（左）、林木（右）

让人怀孕的声音

扫一扫，听音频

彭珺

我从来不知道声音居然也能让人"怀孕"。

一天上午，我在武汉大学参加"一带一路"国际合作高峰论坛后，因为活动结束得早，时间充裕，就想去附近的天福茗茶总督府店小坐，喝杯茶，顺便请彭珺吃饭。

其实，我与彭珺不曾相见过。因为太太与朋友想找个地方学茶艺，我就请教了天福茗茶的薛新春先生，他很热情地说："来我们这里啊，尽管来，我给她安排一个最好的茶艺师。"

薛老板推荐的就是彭珺。她果然是最好的茶艺师。我太太与朋友第二天就去了，她们学得挺开心。但最开心的应该是我——太太学艺归来，晚上不再看视频玩消消乐了，而是看上了茶学专著，还虚心地向我求教，这让我大喜过望。

我想，太太的这个改变与拜师学艺关系密切，知恩者当图报，得找个机会答谢一下。于是，我们就见面了。这是个眼如新月、笑容可掬的姑娘，她见到我的第一句话就是："林木老师，我听过您的《一杯茶的时光》节目，真好听，您的声音让我的耳朵有种想怀孕的感觉！"

我听了大为震惊。这样的语言表达，一是新颖，二是大胆。我飞快地瞟了一眼坐在我对面的太太，她在浅笑，脸色如常。其他人也都笑了起来，称赞彭珺如此精妙之言，欢笑盈门，茶香满

彭珺茶艺展示

屋。我想，这应该是茶滋养了她的心性，是茶启迪了她的智慧，让她的语言变得这样形象生动，这样美。

老实说，从事广播播音主持工作18年，我也曾听过几句场面上的谬赞，但像彭珺这样赤裸裸却又富于想象空间的溢美之词，我倒还是第一次听到。尤其是坐在一堆女性中间，受到这样超常规的吹捧，我虽然明知亏心，但还是颇有受宠若惊之感的。

我一边感叹九零后语言的开放，一边反思自己必须深入地改革。近一个月来，我脑中常常会想起这件事儿，越想越感觉这话中的信息在膨胀；闲时边品茶边品味彭珺的这句话，也顿时感觉那茶意味深长。相声演员总说，他们要学习群众的语言，我们播音主持又何尝不是如此呢？

《一杯茶的时光》节目开播一年以来，也受到了一些朋友的认可，但它会不会真的让人耳朵"想怀孕"我不知道，倒是彭珺的一句溢美之词让我的脑袋"怀了孕"——这是真的！

于是，我就想再次约彭珺喝茶聊天……

2018年6月19日

小陆

扫一扫，听音频

小陆

2019 年春节前的一天，我突然接到一个陌生的电话。对方方言浓，后鼻音重，语速较慢。我一边吃力地分辨着他的语音，一边揣测着他的想法。他说他叫小陆（陆云云）。

我问："找我有什么事儿吗?"

小陆说："我家有很好的枸杞和枸杞茶，想寄一些来让您尝尝。如果喜欢，也请林木老师帮忙推广一下哦。"

我问："你怎么找到我的呢?"

小陆就笑了："我就在你的微信群啊!"他的笑里透着一股憨劲儿。

哦，原来如此。我们《一杯茶的时光》节目有几个微信群，里面的茶友茶人来自全国各地，绝大多数我都未曾谋面，但都因为爱茶、爱分享，所以聚集到了一起。

来自宁夏银川的小陆就是其中之一。

我有点奇怪，说："在我的印象中，宁夏银川好像不产茶啊。"

小陆说："我们这里的枸杞茶非常有名啊，枸杞芽茶、红枸杞、黑枸杞，

枸杞

都是当地的特产。"

是啊。枸杞茶，虽然不是传统意义上的茶，但它具有独特的营养保健功能，有些方面甚至大大优于茶，所以，许多茶友日日品饮。网上更有一个段子说："看一个男人是否肾虚，就看他的茶杯里是否有枸杞；看一个女人对男人是否有要求，就看是否给他买枸杞。"

我以为小陆是想找我做生意，因为来找我的人还真不少，然而我并无此需求，所以便有意拒绝。

我对小陆说："谢谢你的心意，我们这里虽然不产枸杞，但也能很方便就买得到。我们《一杯茶的时光》节目推广茶文化，分享好茶，但还没有提供卖茶的服务。我也没有去过你们那里，还不了解你们的产品，我大概也帮不上你什么忙哦。"

但小陆很热情也很执拗，说："先尝一尝嘛，我们这里的枸杞茶真的非常好，但很多人不知道。"

小陆介绍了很多，但我听进去的并不多，最后我说："行，尝尝。"我将地址告知给他，随后，也就渐渐淡忘了这件事儿。

但几天后，我就收到了小陆寄来的一个包裹，里面有枸杞芽茶、红枸杞、黑枸杞。我一一冲泡品尝了，感觉的确比以前所品到的要好。我就把自己的品饮感受反馈给了小陆。

小陆笑了："我们宁夏的枸杞是最好的。"他的笑，透着由衷的骄傲。

好像是为了验证小陆骄傲的笑，我特地去查找了一番资料，这才得知，其实陕西、新疆、宁夏、甘肃、青海、西藏等地都出产枸杞，而宁夏枸杞的品质更受好评。枸杞具有耐寒、耐高温、耐盐碱、耐干旱、喜光照的特点，所以环境越恶劣，其品质越优良。

此外，宁夏黑枸杞不仅富含蛋白质、枸杞多糖、氨基酸、维生素、矿物质、微量元素等多种营养成分，它的花青素含量甚至超过蓝莓，是花青素含量最高的天然野生植物，其清除人体自由基的能力更是维生素 C 的 20 倍、维生素 E 的 50 倍。

我顿时对这个奇特的蓝"精灵"大感兴趣。

于是，我对小陆说："我有兴趣与朋友们分享一下我的品饮体验。"结果小年当天，我就又收到了小陆寄来的一箱茶样，他很用心，每一个塑料罐子里

鲜枸杞

都放进了三样东西：枸杞芽茶、红枸杞、黑枸杞。我开始感受到小陆的诚意。

原本，我想春节前与朋友们一起分享小陆的枸杞与枸杞茶，但因为早已安排了其他活动，临近年关，分身乏术，这事儿只好落下来了。

过年期间，我分赠了一些枸杞给朋友们试饮，反馈都不错。我想，好东西值得分享，我也许应该在节目中推荐一下。但我还没有去实地做探访，该如何推荐才让人信服呢？

春节后一上班，我正在琢磨这事儿该如何办，突然又收到了小陆寄来的一个包裹，打开一看，居然是几个塑料罐子，里面装有小米、绿豆、黄豆，还有一种我叫不出名字的豆。小陆说："这都是我们自家地里种的，是爸爸妈妈特意要我给您寄来的。"

纯净水冲泡

自来水冲泡

矿泉水冲泡

那一刻，我仿佛看到了两位老人正站在黄沙地里擦着汗，收割着他们的劳动成果。他们面容慈祥，在看着我笑，那笑中，透着和善与友爱，还有一些希冀……

这一次，我主动对小陆说："我们就来推荐一下你们家乡的特产枸杞茶吧！"

2019 年 3 月 5 日

相
信
前
路
有
美
好

扫一扫，听音频

卓万凯

永不停步

有人说，他运气真不好。

2008 年，在朋友的介绍下，他加入了一家茶业公司，主要生产出口红茶。但没想到，入股不久，国际市场风云变幻，各种压力接踵而至，股东纷纷撤资离去，公司即将倒闭。

他是个不服输的人，见风使舵见异思迁不是他的个性。面对困难，他挺身而出，扛起了更大的责任。最终，这家公司就只剩下了他与另一个负责制茶业务的原始股东。

从成立之日起，这家茶业公司就亏多盈少，而在进入之初，他对此一无所知，甚至都没有进行必要的财务审计。公司成立 23 年，亏损 18 年，持平 4 年，盈利 1 年，这是后来人们知道的财务状况。

此前，他以莼菜加工起家，企业运作良好，可要不停地填补茶业公司这个无底洞，也显得举步维艰。但他没有放弃，他唯一的原始股东也没有放弃，于是，这辆并驾马车继续负重前行。

但前路是崎岖还是平坦，他无法预知，他只知道，这辆车虽然破旧，但既然上路了，就不能停步，只能继续向前。

这辆车，叫飞强茶业（2020年11月12日更名为"星斗山利川红茶有限责任公司"，后文仍简称"飞强茶业"），来自恩施利川。

十年磨一剑

有人说，他运气真是好。

拉着一辆破车，朝着一个方向，行走在崎岖曲折的山路上，他与他的伙伴硬是咬着牙一起坚持了十年。

许多过往的路人都问："你还有能力坚持吗？"

他有时也问自己："你还能坚持多久？"

他无法回答。再难的路，也得自己咬着牙往前走，而机会与惊喜也总在前行的路上。

2018年，中印两国领导人在湖北武汉东湖之滨会晤，顿时引得全球瞩目。在中印元首的东湖茶叙上，他们一起品饮了湖北出产的一款红茶和一款绿茶。于是，一夜之间，这两款茶红遍了大江南北、长城内外，甚至全世界。

星斗山国家自然保护区

星斗山国家自然保护区

这款绿茶，是恩施玉露，湖北第一历史名茶，国家地理标志保护产品，早已名声在外。而这款红茶，同样产于恩施，藏于深山利川，出口 20 多年，却在国内甚至本地一直名不见经传；但如今，它已成为中国最具知名度的红茶之一。

有人称赞他"十年磨一剑"高瞻远瞩，但他并没有"扬眉剑出鞘"的扬扬自得。他说，这应该是偶然中的必然吧，23 年来我们只专注于做一件事——努力制作最优质的红茶。

这款红茶，叫利川红，品牌名为"星斗山"。

心怀美好，就会遇见美好

他是一个对自己有要求的人。

我见到他的时候，他刚刚结束自己的晨课——慢跑锻炼。早睡早起，坚持跑步，这是他坚持了多年的生活习惯。当天早上，梅雨渐沥，但他风雨无阻，照跑不误。

我在采访的时候，发现他的早餐也不过是一片面包、一包牛奶。《论语·学而》篇中说："君子食无求饱，居无求安，敏于事而慎于言。"他的确有古君子之风。

我问他："如何评价你走过的这 10 年？"

他的回答非常简洁："屡败屡战。"

我又问他："你现在的目标什么?"

他的回答非常豪气："用 5～10 年的时间，将星斗山·利川红打造成中国第一红茶品牌。"

利川红为什么能红? 如今许多人都在探问，我也未能免俗。对此，他的回答是："厚道的人运气一定不会太差。"

他的这句话倒让我想起了一件事儿：坊间传言，"星斗山·利川红" 3 年后的茶都已卖光了。6 月 19 日，我们一起出席一个会议时，他公开实话实说："这是假的，我们的生意没那么好。不过，我们的销量比 2018 年翻了三番，这是真的。"

是的，厚道不仅是一种茶人本色，厚道也是一种优秀品德。

我问："当初接手飞强茶业，你就能预知它的茶一定会红?"

他的回答颇有几分诗人的浪漫情怀："我总相信美好的事物在前面即将发生。"

是的，再难的路，只要心怀美好，就能坚持往下走；再远的路，只要心怀希望，总能柳暗花明又一村。

这个驾车赶路的茶人，他叫卓万凯，是 "星斗山·利川红" 的出品人，利川市飞强茶业的董事长。

2019 年 6 月 21 日

邱建红与利川红

扫一扫，听音频

邱建红

于是，人们记住了

以前，邱建红默默无闻，因为他一直在埋头做茶。

改变，从 2018 年 4 月 28 日开始。那天，武汉东湖之滨，"一红一绿"两款湖北好茶作为国礼茶招待了印度总理莫迪，世界为之瞩目，是为"东湖茶叙"。

"一绿"是绿茶"恩施玉露"。获得"玉露"生产授权的恩施企业目前共26 家，国礼茶送样企业只有四家，中印领导人究竟品了谁制作的茶，未经官宣，不得而知。

"一红"是红茶"利川红"。利川红的生产厂家目前共 9 家，而截至 2018 年底仅有"飞强茶业"一家，邱建红是利川红的总制茶师，国礼茶送样就是由他亲自手制——这份荣耀，可想而知。

于是，人们就记住了一款湖北茶"利川红"；于是，人们就通过这款茶找到了做茶的人；于是，人们就知道了一个茶人的名字"邱建红"。于是，人们这才发现，这款茶已经诞生了 23 年并长期出口；这个茶人也已经扎根在鄂西山区做了 23 年的红茶并有了自己的技术体系。

人们评价道："邱建红制作的'利川红'红茶，'香甜滑'入口不忘，'冷后浑'特点显著，这都是顶级红茶才具有的品质特征。"

星斗山·利川红

左上：常温下金黄通透
右下：低于 10℃ 后渐呈咖啡状态

飞强茶业制研的冷后浑产品汤色

因为坚持，所以成功

半年后，邱建红成了网红，因为他做的茶供不应求。

2018 年 12 月 4 日，邱建红被授予湖北"荆楚工匠"荣誉称号，一夜之间成为湖北茶界的名人。对这个荣誉，他多少有点意外，因为他觉得自己就是一个制茶师，没干出什么惊天伟业，不值得大家如此看重。他还不习惯被人关注。

开完会，领过奖，他就从武汉回了利川，继续操心他制茶车间里的那些事儿。但荣誉还是接踵而至。不久，邱建红的名单又被省里报送到北京，参加了中华全国总工会"全国五一劳动奖章"评选。

邱建红想，有"荆楚工匠"的荣誉就非常意外，完全知足了，全国劳模可不敢奢望了。但没想到，命运最终还是眷顾了他。2019 年 4 月 13 日，得到赴京受奖通知的那天，邱建红失眠了。他走出家门，在仲春的夜色里中伫着，抽了一宿的烟……

30 年前，他与几位朋友从国营茶厂出来自主创业时，曾遭受了多少奚落与白眼、苦难与艰辛，期间也曾多次面临过不去的坎儿，但都凭着一股不服输的劲儿，硬是咬着牙坚持了下来。终于在 2007 年，他迎来了朋友卓万凯，看到了未来的希望。如今，"利川红"红遍了大江南北，但飞强茶业的原始股东却只剩下总制茶师邱建红与董事长卓万凯两人了。

邱建红庆幸自己的坚持。因为坚持，既成就了"利川红"这款茶，也成就了"邱建红"这个人。

劳动者的荣光

一年后，因为一片小小的树叶，邱建红成了全国劳模。

但邱建红对劳模并不陌生，他父亲就是全国供销合作社系统劳动模范，但因为健康原因，当年没能亲赴北京领奖，直到去世都引为终身憾事。如今，

邱建红（左）、林木（右）

邱建红又成了全国劳模，他的进京受奖，就变得意义非凡——他不仅是自己去领奖，也是为了完成父亲未竟的心愿。

去北京之前，邱建红并没有把这份家族的荣耀祭告父亲，因为当时正处于繁忙的清明茶季，他正带着徒弟与工人们在茶园、车间没日没夜地劳作。他想从北京回来后，再到父亲的坟前点上一炷香，奉上一杯茶，献上金奖章，以告慰父亲的在天之灵。

邱建红说，到了北京之后他才知道，2019 年获得"全国五一劳动奖章"，获得国家领导人亲自接见的殊荣，在中国茶届，仅他一人。无独有偶，邱建红一家父子两代人都是全国五一劳动奖章获得者，这在全国也仅此一例。

2019 年 4 月 24 日，邱建红带着一枚金光灿灿的"全国五一劳动奖章"载誉而归，受到了家乡人的热烈祝贺。这枚金奖章，既是劳动的传承，也是家风的传承，更是他长期坚守、默默奉献的茶人精神的体现。

邱建红说，他此生做梦也没有想到，有一天他会凭借一片小小的树叶，走进人民大会堂，成为一名光荣的"全国五一劳动奖章"获得者，这是史无前例的事。

一片小小的树叶，能成就一杯好茶，也能成就一名杰出的荆楚工匠，更能成就一位全国劳模与一个双劳模家庭。这既是新时代给邱建红个人的荣誉，也是国家与社会赋予每一个平凡而普通的劳动者的荣光！

2019 年 5 月 3 日

泾渭之滨有茯茶

傅智慧

真正理解"泾渭分明"这个成语，是在 1997 年的夏天，那是我第一次到西安。

一进入这座十三朝古都，当地朋友就比较低调却又尽显娇傲地说："咱们西安遍地是文物名胜，连呼吸的空气里也透着文化。"我当然对此深信不疑。那天，我就是怀着崇敬的心情来到临潼秦岭北麓的。当兴奋地登上骊山秦始皇陵后，我完全被震撼了。

那时我看到的秦始皇陵，其实就是一个巨大的有些荒凉的坟形山丘。我站在最高处，张开双臂，举目远眺，四野尽收眼底，不由得就吟起了李白的诗句："秦王扫六合，虎视何雄哉。挥剑决浮云，诸侯尽西来。"身在此景，遥想历史，始皇崩殂，六国复辟，群雄逐鹿，风烟激荡，那种心灵的震撼真是无以名状！

但就在我惊诧于秦皇的雄才大略、秦人的震铄古今之时，一道特别奇妙的景致吸引了我的注意：远处平原地带上的两河交汇处，一河水清如镜，一河水浑如土，两河之水汇入同一条河流后，南渭北泾，互不干扰，互不相融，

泾河与渭河交汇处

依然保持各自的本色，缓缓东流。如果没有亲见，你又怎能准确理解什么叫"泾渭分明"呢？

地理知识告诉我：泾河是渭河的一级支流，全长450多公里，是黄河第一大支流渭河的第一大支流，即黄河的二级支流。它发源于宁夏六盘山东麓，南源出于泾源县老龙潭，北源出于固原大湾镇，至平凉八里桥汇合，东流经平凉、泾川，于杨家坪进入陕西长武县，再经政平、亭口、彬县、泾阳等，于高陵区崇皇街道办船张村注入渭河，流域面积达45000多平方公里。

而渭河，古称渭水，全长800多公里，是黄河的最大支流，它发源于甘肃省定西市渭源县鸟鼠山，经甘肃天水流入陕西省关中平原的宝鸡、咸阳、西安、渭南等地，至渭南潼关，再汇入奔腾不息的黄河。资料表明，渭河干流，横跨甘肃东部和陕西中部，流域面积达13万多平方公里。你可以想想，黄河的雄浑与大气，如果没有渭河的参与和融入，那将是何等的失色啊！

也许，正是因为有泾渭之水的滋养与呵护、固守与坚持，广袤的关中平原才能殷实富庶成天府之国，勇武的秦人才有了东出天下的底气与豪情吧！泾渭确实让人敬畏！

常言道："好山好水有好茶。"泾渭之滨，人杰地灵，又怎能没有好茶呢？泾渭之滨有茯茶。后来我还知道了一句陕西人夸耀自家茶的话："咸阳故都，泾渭茯茶。"但遗憾的是，我一直不曾品饮过。冥冥之中，也许是缘分吧，20年后的2017年夏天，我终于品饮到了泾渭茯茶。

认识泾渭茯茶，是缘于生活的际遇；品饮泾渭茯茶，是有幸认识了傅智慧先生。

傅先生是一位笑容可掬的儒雅茶人，他是泾渭茯茶湖北总代理，在武昌复兴路陆羽茶都二楼200号的茶店里，他端坐茶席，高冲低泡，谈笑风生，这是我与他度过的一段非常愉快的享茶时光。

作为湖北赤壁赵李桥羊楼洞成长起来的第三代茶人，傅先生喝茶、制茶、售茶三十余载，可谓茶界精英，能进入他法眼的茶皆非凡品。泾渭茯茶遇上傅先生算是遇上知音了，而我遇上傅先生也算是一种福分，让我能够再次与"泾渭"结缘。

熟悉茶的朋友应该都知道，泾渭茯茶是茯茶中的鼻祖，600多年来，唯咸阳所产才算正宗。民间传说，加工此茶，有三不能制：其一，离开关中之气候

傅先生谈茶

不能制；其二，离开泾河渭河之水不能制；其三，离开泾阳人之手不能制。

而其奥妙就在于，咸阳拥有最适宜制作茯茶的温带干燥半干燥地区气候，泾河渭河的重碱性水质有利于茯茶的浸泡与加工，而泾阳人的制茶技艺更是了得。因此，在天时、地利、人和传统智慧的作用下，咸阳茯茶才闻名遐迩，广为人知。

傅先生坦率地说："对于大多数茶来说，几乎都具有消食、减肥、降血脂、降血糖、抗氧化、抗衰老等功效，路人皆知，无需夸大，但每一款茶都有其独特的卖点。对泾渭茯茶来说，功效最为突出的就在于它独特的'金花菌'，也就是'冠突散囊菌'。"

如果把泾渭茯砖茶放在灯下细细欣赏把玩，你会发现，茶中布满密密麻麻的黄色"金花"，而"金花"越茂盛，品质也就越好，对人体消化与生理的调节作用就越大。坊间甚至传闻，茯茶金花菌的作用是其他茶类无可替代的。

茯茶的金花

检测数据也表明，泾渭茯茶含有丰富的茶多酚，长期饮用可增强毛细血管的柔韧性。而作为"丝绸之路"的重要贸易物资，泾渭茯茶自古就是西部牧民及欧洲百姓的生活必需品，民间素有"宁可三日无食，不可一日无茶"之说。

细心的朋友一定也发现，在 2017 年的热播电视剧《白鹿原》中，当地百姓送别亲友、拜见长者，所持重礼皆为茯砖茶。

泾渭茯茶"周茯"

对此，傅先生笑言，这并非剧情杜撰，而是民风民俗使然。泾渭茯茶之得名，就是因为它需在高温高湿的伏天酷暑时节加工，故称伏茶。但因其效用类似茯苓，故称茯茶、福砖，赠人以茯茶有送福之意，于是民风大盛；又因茯茶古代系官造官销，故当地又称官茶、府茶——这里面的故事与说头那就多了，且打住，先品茶！

大文豪苏东坡曾以人喻物，写出了千古名篇《叶嘉传》，文曰："吾始见嘉，未甚好焉，久味之，殊令人爱。"我想，品茶，品的不仅是茶味，品的也是中国文化，而水是文化之源，如果你没有领略泾渭之河的美，如果你没有饮过泾渭之河的水，却能一品泾渭之滨的茯茶，这也算是一种缘分与福分呢！

2017 年 10 月 20 日

扫一扫，听音频

我来自赵李桥

采访傅智慧先生，一是因为有缘，二是为了还债。

我是 2017 年 4 月在武汉茶博会上认识傅先生的。在泾渭茯茶偌大的展台内，傅先生笑容可掬，身穿灰白棉麻对襟茶服，端坐沏茶，迎来送往，谈笑风生。我被傅先生的风度所吸引，就坐过去喝茶，与他聊了起来，居然很是投缘。

不过，因为现场客人太多、环境喧闹，我们无法深入交流，但我对傅先生和他的茶印象深刻，就约定改日再叙。之后，我因为策划制播《一杯茶的时光》节目，集采访撰稿录制于一身，忙得焦头烂额，一直没能兑现与傅先生的约定。但让人感动的是，傅先生一直记得，期间还两三次约我去喝茶。

我觉得欠了傅先生的债，内心有愧，于是决定尽快还债以图心安。在相约两个多月后的一个下午，我终于来到了武昌"陆羽茶都"二楼傅先生的茶店。那天高温近 40℃，傅先生站在门外隆重地迎接我，依旧是一副笑容可掬的亲切模样。

傅先生目前是陕西泾渭茯茶湖北总代理，我知道这是一个颇有故事、近年来日益引人关注的茶品牌，早就做好了洗耳恭听的准备。没想到，傅先生没有讲咸阳故都的历史风烟，开头的第一句话竟然是："我来自赵李桥，是闻着赵李桥的茶香长大的。"

这个开场白足够有吸引力。熟知历史的人大概都知道，欧亚万里茶道开通300余年，湖北咸宁赤壁的赵李桥羊楼洞就是源头，它的大名不仅载入中国茶史，更载入世界文明史册。傅先生既然是来自赵李桥，他讲的故事当然有听头。

羊楼洞

欧亚万里茶道源头石碑

果然，他的第一段讲述就把我给惊到了。

傅先生今年44岁，是湖北赵李桥的第三代茶人。用他自己的话说，他在茶香中出生，在茶堆里长大，在茶厂里工作，如今还在做着茶叶生意，这一辈子大概都不会离开茶了，而这所有的一切，完全是家族传承原因。要说起傅氏家族与赵李桥茶厂的渊源，还得从傅先生爷爷的一段逃亡经历说起。

1937年，卢沟桥事变后，国民党伪政府到处抓壮丁。傅老太爷当时15岁，为了逃避抓壮丁，那年深秋的一个夜晚，与村里的另一个小伙子，披霜戴月，高一脚低一脚地就逃到了赵李桥羊楼洞。在饥寒交迫之际，他们在山地里挖红薯充饥，结果被晋商在当地开的"三玉川茶庄"的人抓住。管事的问清缘由后，见两个小伙子可怜，又身强力壮，就收留他们在茶厂打杂。没想到傅老太爷就此落地生根，与茶结了缘。

我问："您爷爷老家在何处？"

傅先生答："湖北省崇阳县青山镇华石嘴，是早些年从金塘镇寒泉村迁到华石嘴的。"

我一听，顿时大吃一惊，这是我娘家人啊。再一细问，果然，如论辈分，此公当属我的远房娘舅。我们不由一起大笑感叹：不是世界太小，而是早有缘分！难怪觉得亲切，原来真是一家人啊！

有了这层"亲戚"关系，傅先生的讲述就更加细致入微了。

傅先生说，从小到大，他就一直生活在赵李桥茶厂。这里所有的一切都与茶有关，茶人、茶园、茶包、茶砖……甚至连夏天厂里发的福利冰棒和吹过的凉风都透着一股浓郁的茶香。

傅先生祖孙三代可谓是赵李桥茶厂近百年来的历史见证者。他们不仅见证了万里茶道那个战火纷飞的年代，也亲历了新中国成立后茶厂的改组重建。而当1995年傅先生作为第三代茶人子弟进厂参加工作时，这家著名的国营茶厂已经进入了一个竞争更为激烈的新时期。

那时的国营企业，特别强调员工要有钉子精神，但管理者并不知道，钉子在一个地方待久了也是会生锈的，得换个地方打磨一下才能更有价值。傅先生最好的青春岁月，就是钉在茶厂的车间和锅炉房里度过的。而对一个充

加工线

原料仓

烘房

满了活力的青年来说，打破固有的沉闷生活节奏是早晚必然的事儿。傅先生一直在等待机会。在经过多次申请和考验之后，2004年，他终于被调离车间，远赴新疆大漠，从事市场销售工作。

对一个有抱负、喜欢挑战的青年来说，只要有施展才华的空间和平台，他就能创造奇迹。那时，傅先生最愿干的工作就是销售。如愿以偿的傅先生到新疆后，如鱼得水，游刃有余。在西部工作的6年，他的个人能力得到了极大的锻炼与提高；尤其是在负责兰州片区市场之后，随着市场环境大为改观，他的销售业绩年年攀升，这也让厂里领导看到了他非凡的市场拓展的能力。2015年，傅先生被公司提拔为总经理助理，调到武汉，筹建分公司。

但那一年，赵李桥茶厂遭遇了一次重大危机，工厂停工，很多员工辞职，在武汉筹备分公司的傅先生也被迫停止了工作。他回到厂里，感到无所事事，无处发力。傅先生觉得，既然厂里前途未卜，那就不能这样坐以待毙。在与家人多次商量权衡之后，他决定辞职单干，一个人跑到陕西咸阳，凭借自己多年的市场经验与人脉关系，拿到了泾渭茯茶湖北地区的销售代理权。此后两年多的时间里，他的生意做得有声有色。

赤壁万亩茶园

　　但与此同时，傅先生并没有忘记自己赵李桥茶人的身份，他也在利用自己现有的平台，为赵李桥青砖茶的销售贡献着力量。

　　一个来自赵李桥的第三代茶人，一个为了茶厂奉献了自己最好青春的高管，在潮起潮落的市场变革中另辟蹊径，这的确是一件值得耐人寻味的事儿。

　　我问傅先生："你选择离开你爷爷、你父亲、你自己三代茶人工作生活过的赵李桥茶厂，后悔吗？"

　　已经另起炉灶的傅先生这样回答："经常回忆但并不后悔。"

　　尽管他已经选择了离开，但赵李桥永远是他的故乡。他对赵李桥的感情，至今不变，因为他忘不了曾在那里辛勤劳作的先辈，忘不了自己留在那里的青春岁月，也忘不了那冰凉爽口的冰棒，更忘不了赵李桥那浓浓的茶香……

2017 年 8 月 3 日

初心

扫一扫，听音频

李瑞河

卡里·纪伯伦说："不要因为走得太远，以至于忘记自己为什么出发。"这句名言，曾被CCTV已故资深传媒人陈虻多次引用，以致世人多以为这是陈虻的独创。我觉得，这句话也应该成为我的座右铭。

最近几年，因为工作生活的关系，我交了很多朋友，品了很多的好茶，也分享了很多的故事。每当听到"从前、古时候、很久以前"这样的字眼时，你是否也会想起儿时听故事的美好记忆呢？是的，每个人都是听着故事长大的，生命与生活的起点与原点，其实都是故事。

作为一名70后，我早已不是青春少年，甚至在岁月的抚摸下已然沧桑。尽管早已过了装嫩的年纪，但我听故事的心却依然不改——生活经验告诉我，这世上最能让人铭记、最能教化人心的，不是高深晦涩的皇皇大论，而是平平常常的茶饭故事。只有故事才能吸引人们倾听，只有故事才能引发人们思考，只有那些茶余饭后的所见、所闻、所思、所感才能入口入心入脑，并融入到人的血脉之中。

苦过方知甘甜

与许多人一样，我很早以前就喝过天福的茶，但却并不知道那杯茶的背后有着怎样的故事。

2017年仲夏，我开始制播《一杯茶的时光》节目，于是对茶行业空前关注起来。很快，我发现每一杯茶的背后，都有一个值得静静聆听的故事。一杯茶就是一个江湖，在这个江湖里，有许多令人神往的传说，天福茗茶的出品人李瑞河先生常常成为传说的主人公。

李瑞河先生祖籍福建漳州，曾是我国台湾地区南投县名间乡松柏坑的一个贫困的茶农子弟，自小就跟随父亲采茶、制茶、卖茶。在他16岁那年，因生活困难，父亲被迫卖掉了家里仅有的几亩茶园，举家迁往高雄一个叫冈山的小镇，开了一间小小的茶叶铺，维持一家九口的生计。

为了帮助父亲分担家庭生计压力，少年李瑞河开始辍学卖茶。他蹬着一辆破旧的脚踏车，穿街过巷，叫卖茶叶，平均每天要骑行100多公里；在5年的时间里，他走遍了南台湾地区的每一条街道每一个村庄，但正是这段千里走单骑的磨砺，让他对台湾地区的茶业有了更深入的了解与思考。

林木读《李瑞河传奇》

1961年，26岁的李瑞河该成家了，但因为家贫，没人愿意嫁给他。后来，有朋友给他介绍了一个姑娘。他们两情相悦，奈何女方家长不同意。李瑞河没有退缩，奋力争取："我家世代种茶，虽然兄妹多，但我打算以后让每人开一家茶行，兄妹九人开九家茶行就可以组成一个大公司，让你女儿当老板娘……"姑娘的父亲哈哈大笑："年轻人，有气魄！"亲事就这么定了。

成家了，就该立业，兑现承诺。婚后，李瑞河在台南自立门户，开了第一家属于自己的茶叶店——天仁茗茶。十年磨砺终成剑，很快，李瑞河的茶行就开遍了中国台湾地区，此后又开到了美国和加拿大。这个当年的乡村卖茶郎，用 30 年的时间，成就了一个资本达数十亿元的全台湾地区第一个、全中国第一个上市茶企业——天仁集团，李瑞河先生也因此被誉为"世界茶王"。

但人生的道路并非一帆风顺。1988 年 8 月 8 日上午 8 时 8 分 8 秒，天仁集团旗下的天仁证券公司开业，然而，这个吉日吉时并没有为李瑞河带来好运，厄运反而悄悄降临。1991 年，中国台湾股市崩盘，天仁证券一夜之间损失 30 亿元，天仁集团濒临破产，受此打击的李瑞河几乎瘫痪在床。

所幸，性格顽强的李瑞河并没有被完全击垮，几天之后，他召开记者会，坦承过失，辞去职务，变卖家产独自还债，并手书对联："成功的荣耀全体共享，失败的责任我肩独担。"正是因为恪守诚信，重情重义，失去亿万家财的李瑞河赢得了广泛的尊重和信任，仅用两年的时间，天仁茗茶就起死回生。随后，他又在家乡福建漳州成立了天福茗茶，开拓内地茶叶市场。虽然也曾历尽艰辛，但流淌着"爱拼才会赢"的血液的李瑞河又何惧艰难险阻？于是，又一家上市茶企"天福茗茶"应运而生！

李瑞河先生的这些江湖传说，我是读了《回甘人生：世界茶王李瑞河传奇》一书之后才知道的。我感觉自己读进了李瑞河先生的精神世界：人生就是一杯茶，苦过方知甘甜！我很想采访他，问问他："都说'不忘初心，方得始终'，您的初心是什么？"

我期待着聆听这位老先生讲故事：一个贫困的茶农子弟如何成就传奇一生……

天福初心

2017年年底的一天，天福茗茶的副总经理薛新春先生约我去喝茶。薛先生懂我，才一坐下，就向我透露："集团主席李瑞河先生春节前大概要来武汉一趟。"我闻言大喜，立刻要求："可否安排我与老先生见一面呢？"豪爽的薛先生一口答应："尽量找机会！"

随即，薛先生就叫来一个小妹为我们沏茶。她叫邓雅馨，每次都是她为我们沏茶，大家都熟识了。于是，我们就边品茶，边闲聊。我与薛先生也是因茶结缘，虽然相识不到一年，但常常见面，亲如老友，无话不谈。

薛先生来自湖南湘潭，板寸怒发，天庭饱满，地阁方圆，湘音浓郁。当年，薛先生并不常喝茶，加入天福也仅仅是为了得到一份养家的工作。但融入天福后，他发现这里不仅有工作机会，更有施展才华与抱负的平台，由此，他对茶产生了浓厚的兴趣。20年来，他一直钉在天福没有挪动过一天，不过，职务却在不停地挪动，从一名普通员工渐渐成长为天福茗茶集团副总经理，服务全国市场。

我曾笑问薛先生："你现在还为养家而工作吗？"

"当然，谁不是在为家而工作呢？不过，我现在不仅仅是为自己的小家而工作，我得为了大家而工作。"他缓缓而答，接着又指了一下茶小妹邓雅馨说，"我们全国有1000多家店，身后跟着一大帮像她这样的兄弟姐妹，他们指望着我带他们创造更好的生活呢！这几年我最真切的感受就是，对你身边的人一定要好一点。"

最后这句话很耳熟。前不久听浙江大学茶学专家王岳飞教授授课，他也曾说："你对自己身边的人一定要好一点。"

我笑问薛先生："为什么对你身边的人一定要好一点呢？"

薛先生回答："干什么事儿都得身边有人，如果对身边的人都不好，那么谁会愿意帮衬你？没人帮衬，你还干得成什么事？"

此种情怀确实让我敬佩。转眼再看茶小妹，她在微笑，认真地沏茶。

春节前的一天，我又与薛先生约茶。一见面我就问："李瑞河老先生什么时候来呢？"

薛先生马上露出歉意的笑："我们李主席已经来过了，但时间太紧张，来了很多领导和老朋友，李主席已经82岁了，实在不好再让他老人家太劳累，就压缩了很多安排。"说着，他就掏出了手机让我看视频。视频中，李瑞河老先生在动作缓慢而轻盈地弹着钢琴，一曲罢了，众人鼓掌；之后就是热闹聚餐，老先生满脸笑容，频频举杯，关照众人。

我问："这是在哪里呢？"

薛先生微笑而答："就在我家，老人家听说我搬新家了，坚持要去看看，我们就举行了一个家宴。我夫人做了一大桌子的菜，因为身体原因，其实大部分菜他都不能吃，但老人家还是每一道菜都夹了一筷子尝尝，他说不能辜负我夫人的一番美意。出门时，还给我和我夫人一人一个万元红包，以祝我们乔迁大喜、新年快乐……"

看到薛先生微笑的神情，倒让我想起了那位茶小妹认真沏茶的样子。

那天，我们从下午16点聊到晚上22点才散，临出门时，薛先生一定要赠我两盒好茶。我说："这也太隆重太高档了吧。"但他说："好茶就要与朋友分享，这是我们的新品，很受茶友欢迎，你也要品一品哦。"我就选了其中的一盒大红袍，拿起来一细看，就见红色的茶盒上赫然镶嵌着四

大红袍鲜叶

个金色大字："天福初心！"我不觉愣了一愣，顿时就领悟了很多……

我把这盒小罐茶带回台里拆了给同事们分享，大家都很开心。茶喝完了，小罐都舍不得丢，摆放在办公桌上。同事们都说很喜欢这盒茶，我知道，大家喜欢的，其实不仅仅是茶与茶罐！

大文豪苏辙之孙苏籀有诗云："般若初心依耄老。"的确，有大智慧大成就的长者都是坚持初心、矢志不移的。

年轻人大多不喜欢听大道理，却往往喜欢听故事，而老年人就是一本读不完的故事书——能走过无数风雨岁月的人又怎能没有故事呢？那一个个或长或短或年代久远或活在当下的故事，就算再云谲波诡、坎坷曲折，在长者们的口中讲来，也是风轻云淡，仿佛闲庭信步慢踱，仿佛坐看云卷云舒，仿佛说的都是别人的故事，倒让听者浮想联翩，嗟叹唏嘘，感怀莫名。

北宋理学家程灏有七绝《春日偶成》云："云淡风轻近午天，傍花随柳过前川。时人不识余心乐，将谓偷闲学少年。"每遇智慧长者讲故事，我总会想起这首诗，静静聆听，细细品味，更觉"别是一番滋味在心头"。

作为记者与主持人，我常常听别人讲故事，也常常给别人讲故事。近些年我越来越觉得：所谓采访，就是凝神倾听别人讲述自己所经历过的故事；所谓报道，就是感同身受地向别人转述自己所听到的故事。

这应该就是传播者的初心。你觉得呢？

2018 年 4 月 19 日

一杯茶的人情世故

扫一扫，听音频

薛新春

对薛新春的采访，是从一张照片开始的。从这张照片中，我读到了一个茶人对一片茶叶的理解和对所有茶农的尊敬。

与薛新春聊天，的确是一种很愉悦的享受。

他思维清晰，我的后期剪辑不那么费劲儿；他表意明确，不会让人产生歧义。我想，这都是茶的浸润和滋养之故。他语调不紧不慢，湖南口音浓重，虽正值壮年但鬓角泛白，正可谓"乡音未改鬓毛衰"。我猜，这也是茶的馈赠吧。

薛新春讲的很多话我都记得，其中有一句话更让我记忆深刻，他说："茶是人情世故，茶是人际关系的润滑剂。"

这话，他说得很随意，却勾起了我的乡愁。

我从小在山里长大，母亲是个勤劳善良、热情好客的农妇。每年春季，她都会上山采茶——不是茶园里修葺平整的茶，而是长在茅草堆、灌木丛里的野山茶。

采这种茶，是要冒着被蛇咬、被蜂蛰、被茅草割破、被荆棘挂伤的危险的，产量当然也就有限得很，每年采到手的干茶也不过一二斤而已。

喝茶人与制茶人的手

薛新春（左）、林木（右）

在我等已远离嫁穑的都市人而言，母亲采的野山茶是何等的宝贵啊，应该与正宗猴魁不相上下，轻易不会与人分享吧？但一年四季，只要有乡亲路人进屋，一杯热腾腾的野山茶那是绝对少不了的。

拉过一把松木椅，翘着二郎腿，喝一杯茶，扯一段儿闲白，嚼一口杯底的茶叶，就是一段悠闲的时光。山里人可以没有酱醋，但不能没有茶。茶，是邻里之间互动交流、和睦相处的一种语言。

采访中，薛新春对我说，据他的观察和领悟，40岁如还不喝茶，多半人生无高境界。

他的这句话，也引起了我的遐想。

我发现，这些年来，身边越来越多的朋友开始喝起了茶。有的是因为考虑人身安全不能酒后驾车所以改喝茶；有的是因为追求健康饮食而喝上了茶；有的是因为心静不下来所以喝茶；有的是因为心静下来了所以喝茶；还有的是因为朋友们都在喝茶所以也潜移默化地喝上了茶。茶，如今成了朋友圈的共同语言。

我说："薛总，你这话真是金句啊！"

但薛新春说："这是我们两人的私下交流，希望你别播出去了，这话会伤害到一部分人的；境界是个人的事儿，别人无权评价。"

我尊重他的意思，节目中就忍痛剪掉了这段我认为其实很精彩的话。

但我想，我是个传媒人士，我从事的是受大家监督的传播工作，在这里我还是要对大家有个如实的交代与交流——如有得罪，与薛无关，莫怪莫怪！

采访中，我还发现，有不少路过的客人也会到店里来逛一逛，免费品茶。我说："不买茶也能进来品茶，这倒有点像我老家农村的待客之风啊！"

薛新春就笑了："对，一年四季，走进天福茶庄的爱茶之人，都可以免费品尝到一杯好茶。"

采访结束，薛新春坚持要赠我一盒三峡毛尖。他说："这也是人情世故！"

2017 年 6 月 27 日

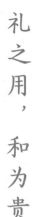

礼之用，和为贵

扫一扫，听音频

前些天，去拜访天福茗茶的薛新春先生，我们一边品茶，一边探讨"茶与礼"的话题。薛先生不仅热情，言语中还透着睿智，听他讲话，你会感觉如沐春风，是种享受。听他讲话我受益颇多，也不敢独享，今天在这里奉献给大家。

礼，在我们老百姓的生活中，可谓无处不在。走亲访友送礼，婚丧嫁娶随礼……哪一样离得开礼啊！礼，透着浓浓的人情味！这一点，相信大多数人从小就耳濡目染，印象深刻，而从小在农村长大的孩子更是如此，比如薛先生，比如我。

薛新春说，他对礼的最早的印象，是小时候给外婆送肉：小时候，家里只要杀猪，父母总会让他第一时间把最好的一块肉送去给外婆，而慈爱的外婆总会用这块肉给她这个亲爱的外孙煮一碗美味的鸡蛋肉汤……

如今，外婆的这碗肉汤，成了薛新春终生回味的乡愁；外婆的这碗肉汤，也让他感悟到——礼，不是施舍，也不是索取，它是尊敬与分享，它是人与人之间感情的纽带！

《论语》中说："礼之用，和为贵。"这话的意思是说：礼的可贵之处就在于它能使人际关系变得更和谐。对于古人的这些闪光的生活智慧，我与薛新春深表认同。

今天的人们，早已告别了物质匮乏的年代，我们的节假日也变得空前得多了起来，但随着生活节奏的加快，亲友间走动的机会其实也并没有增加多少，而选择一份可心又得体的礼品，也往往会变成一件很费思量的事儿。

对此，薛新春的看法是：礼品是心意的表达形式，它不是利益交换；选择礼品，不要名贵，只要合适。那如何恰到好处地"送礼"呢？老薛说："最好能显示'送的人有品位，受的人很富裕'。"他的话，我认为很有道理，或许也值得大家参考一下！

俗话说"礼多人不怪"，但礼多了有时也是个麻烦事儿。每当节假日时，大家走亲访友、外出度假，大概都是很开心的吧。我相信有些朋友一定送了很多礼也收了很多礼，那你对此有何感想呢？你有没有想过那些礼物中有着怎样的含义呢？

我就曾听人抱怨说，每到过节，就会犯愁，那些堆积如山的粽子、月饼、鸡蛋、香肠该怎么消化呢？我想，有此烦恼的人大概也不会太多吧。如果你恰好就是其中之一，那么你应该感到高兴，因为这证明你在别人心中很重要。如果亲友对你一无所求而慷慨如此，那真是你的福分啊，且感恩惜福吧！

如果你收到的茶、酒、月饼多了自己又消化不了，怎么办呢？精于"人情世故"的薛新春说："那就学学茶礼吧，与更多的朋友（甚至陌生人）分享一下，这事儿就迎刃而解了。毕竟，我们身边需要关爱的人还有太多太多，

市面上各种礼品茶

不要辜负和浪费了亲友的馈赠与情意。"

交往多了，我也就了解了：薛新春和他的天福茗茶特别讲究"人情世故"，客人进店，无论相识与否，总要赠品一杯茶，当然，还有他们自己精心制作的茶点。我还曾听朋友说，到天福喝茶，其实是醉翁之意不在酒，那一碟味美的茶点，也是一种别有回味的舌尖享受呢！

2017 年 10 月 10 日

有一种前进叫撤退

扫一扫，听音频

金传炎

在都市里，似乎每个人都在忙碌，有的为了生活，有的为了事业，而有的人也许什么也不为，仅仅是因为习惯，仅仅是因为随大流，并不真的明白自己要什么、自己在追求什么，以为奔跑就是前进，以为忙碌就是不负好时光。

在湖北荆州，有一个年轻人，上大学时，一心向往沿海城市的繁华与机遇。毕业后，他如愿到了深圳，进入了华为电子，朝六晚三，努力拼搏，开始了自己的奋斗之路；很快，加薪与晋升就接踵而至。于是，他的干劲儿更足了，前进的脚步更快了。

但灵魂追不上太快的脚步，再蓬勃的青春也经不起高强度的工作与太忙碌的生活节奏。

几年下来，虽然赚了不少钱，但他的身体终于累垮了，青春的澎湃动力也渐渐消退了。这时候，他终于开始认真地思考，自己追求的是什么，自己真正想要的是什么？

带着这种对生命终极目标的思考，他回到了自己当初出发的地方——湖北荆州老家，既为疗养身心，也为思考未来。

在与父母家人团聚的那段日子，他终于找到了一段暌违已久的有家有爱有白天有黑夜的慢生活……他渐渐发现，自己需要慢下来，以往只顾赶路而忽略的这些人生风景，才是自己一路真正的所追所求。

一个偶然的机会，他结识了赵李桥茶厂董事长，对方颇为欣赏他的才华，想聘请他去茶厂工作。但他并没有马上答应，因为他与很多疲于奔命的都市职场青年男女一样，只知道喝咖啡，并不常喝茶，甚至都不知道居然还有青砖茶、米砖茶的存在，更不知道湖北青砖茶在茶马古道与万里茶道上的厚重历史与辉煌岁月。

但他听说赵李桥的茶园风景很美，就去了；这一去，就动心了；一动心，就留下来了。

他说，当他来到赤壁赵李桥那个茶马古道的小镇上时，看到那一望无垠绿油油的茶园，看到那些采茶的快乐的姑娘们，闻到那清新的空气与淡雅的花香，抬头望见那白云飘飘的蓝天，他就立刻感觉到，这才是他真正想要的田园生活。

但是，这又是怎样的一种田园慢生活啊！

赵李桥茶厂茶园

他说，第一天上班，他还是与在深圳一样，一大早6点就来到了办公室，可直到八九点，同事们才慢悠悠地来上班。另外，布置的工作任务，如果不紧盯着，是不会有任何结果的，更不会有人主动来向你汇报进展……他不禁为之大跌眼镜，国营老企业工作节奏之慢他早有耳闻，但慢到何种程度，只有亲身参与其中才能有深切体会啊！

虽然他已经喜欢并刻意放慢了行走的脚步，但很长一段时间里，他还是很不适应赵李桥茶厂的超慢节奏生活。他只有慢慢融入。渐渐地，他就发现，这种慢，其实也是一种美。

因为慢，大家做事更能精益求精；因为慢，同事之间就有更多的交流空间，人与人之间的情感就更为深厚；因为慢，大家的压力小，以厂为家更有凝聚力……慢，在这里竟然变成了一种莫大的优势，这是他以前完全没有想到的！

只有融入，才能发现集体的美好。这是他后来的感悟。

两年后，他已经完全适应并融入到赵李桥茶厂的生活中。但这时，集团领导又对他说，宣恩宜红茶叶基地需要一位干部，你去那里锻炼一下吧。宣恩位于鄂西大山区，那里的偏远与环境的艰苦他当然知道，虽然心中并不乐意，但既然集团有需要，他也就没有拒绝。

就这样，他又在深山里待了整整一年。

时间与环境，总会在无声无息间改变一个人，包括精神与身体。他从快节奏的电子行业精英转变为精致慢生活的茶人，3年下来，他就这样慢悠悠地喝着青砖茶，慢悠悠地工作生活着。有一天，他突然发现，自己已经很久不需要再服用痛风药了，"三高"指标下去了，身体的亚健康状况也渐渐消失了。

一年后，他被集团从宣恩调回，担任了赵李桥集团总经理。今天的他，已经是湖北省著名茶人。他说，他从没想过自己会成为一名茶人，但他现在认为，自己此生再也不会从事其他行业了！

从前，他跑步前进，从荆州农村奔向国际大都市深圳；后来，他退守家乡，又退居赤壁赵李桥小镇；再后来，又撤退到偏远的宣恩山区。这些年来，他一直都在不断地后撤，却因此而找到了自己真正前进的方向。

在采访他时，我不禁感慨道："这一路走来，你完全是在吹着冲锋号撤退啊！"

他也感慨地说："是啊！是啊！有一种前进，就叫撤退！"

他就是赵李桥茶厂总经理金传炎（2020 年 8 月底，金传炎卸任总经理）。

2018 年 4 月 16 日

青砖茶的打开与冲泡

心中有梦想

扫一扫，听音频

舒松

前几天，我的朋友圈里突然多了一位熟悉的朋友：舒松先生！这立刻让我想起了许多往事。

6年前，台里节目改版创新，号召所有节目主持人提交新的节目方案。我欣喜若狂，马上就交了两个方案，其中一个叫《好山好水品好茶》。

那年，我制播《下一站，香港》节目，干得很投入。我想通过自己熟识的那些中国香港地区的朋友把湖北的优质农产品推荐到海外去，于是就带着这帮朋友，到宜昌、黄冈等地转了一大圈儿。

然而，因为种种原因，这个梦想最终没有得以实现。虽然心中有些遗憾，但我并没有就此放弃，尤其是在夷陵、英山等著名产茶区，看到中国香港地区的朋友对这里的山水环境之美、茶叶品质之优、茶叶产量之大倍感惊诧时，更是坚定了我对湖北茶产业发展前景的信心。

那时，我就很想制作一档茶文化节目。

我从小就随母亲上山采茶，对茶有与生俱来的感情。虽然我不是茶人，但我是个新闻工作者，我应该尽自己的一份心一份力，为湖北茶文化茶产业的发展鼓与呼!

记得在写节目提案的时候,我的内心还一度澎湃不已,颇有点"天将降大任于斯人也"的感觉,但遗憾的是,也许时机还没到,这个节目方案后来被搁置了。

有一天下午,广播大楼的一楼大堂里贴出一张通告:我台特邀楚天茶道舒松先生来进行茶文化讲座,欢迎大家参与。我看了大感兴趣,立刻就去了五楼会议大厅,讲座已经开始,里面坐满了人,我就远远地坐在了最后一排。

这是我第一次见到舒松先生——板寸短发,灰白茶服,银边眼镜,显得很冷静,清瘦而儒雅。他正坐在讲台上侃侃而谈,声音的温度与外貌的冷静形成了鲜明的对比,倒的确有几分电台主播的范儿。

这场茶文化讲座,除了青砖茶与万里茶道还有点儿模糊的印象,其他内容我大多都忘记了。我记得与其他专业讲座不同,忙碌的同事们中途借故离场的不多;还记得在最后的互动环节,我请教了两个关于湖北茶文化发展现状的问题,舒松先生一一作答;另外还记得大家的掌声很热烈,舒松先生在掌声中鞠躬下台,大家就此散了。

这一面之缘,就像冥冥之中的某个约定,为下一次的相逢悄悄地埋下了伏笔。

这几年,"一带一路"火了,中国茶也开始热了起来。2017年4月的一天,台领导召见,说决定新开一档茶文化节目,想来想去,还是觉得让我来做比较合适,并提出几条要求,其他的让我看着办。我虽然感觉有些突然,但既有前因铺垫,也就慨然领命。

于是,2017年6月12日,《一杯茶的时光》节目正式开播!除了日常编播安排,根据新形势下的融媒体传播需要,我还搭建了节目微信平台,既分享节目内容,也撰写编播心得,干得忘乎所以,忙得不亦乐乎。蒙大伙儿不弃,多有关注,对在下时有奖掖以资鼓励,于是粉丝与用户逐日递增,俨然

林木先生的

Mr. Lin's Tea

舒松品茶

一新贵，于是就越发有干劲儿。

2018 年 3 月的一天，舒松先生突然在微信中对我说，他也在关注我的《一杯茶的时光》节目，想约我有空到楚天茶道坐坐。

我倍感荣幸，欣然应约。于是，就有了我们的第一次坐而论道。舒松先生是一个有梦想的人，以后有机会我们再来讲讲他的故事。

记得那年，我提交的另一个节目提案叫《好人好梦》，其策划宗旨，既弘扬社会好人好事、呼吁和善美，也有祝福好人有好报、梦想可成真之意。但同样因为天时地利人和尚有欠缺而搁浅，可我依然心有期待……

"再小的个体也有自己的品牌。"每次登录"一杯茶的时光"微信公众号，看到郑小龙千挑万选的这句话，我就想再加一句："再小的个人也有自己的梦想。"——中国梦不就是 14 亿个小梦构建而成的伟大蓝图吗？

马云说："梦想还是要有的，万一实现了呢？"

所以，心中有梦想，前路有方向！

2018 年 3 月 8 日

扫一扫，听音频

刘辉

一杯茶的时间

一天晚上，恩施西特优生态农业开发有限公司（简称西特优）联合创始人刘辉小姐很客气地联系我，说过几天会到武汉出差，想到电台见见我，问何时方便。

我与她在微信上认识一个多月了，已并不陌生，就马上回复："欢迎来坐坐，我给您留上午的时间。"

她很快就回了我一个微信笑脸："那我请您喝一杯纯净的'映马云池'硒茶吧。"

6月26日上午，我们终于见面了。当我到广播大楼登记处去迎接时，就见那里早站着一人，齐颈短发，红衣黑裙，给人以热情干练的印象。

见到我，她就笑了，上前一步，伸出了手。她的笑谦和而亲切。

那天，我得录三期节目，时间很紧，原计划与刘辉小姐访谈半小时，做一期节目，以不负她此行，但聊着聊着，竟然就聊了一个多小时。

她确实是个很愿表达，也很会表达的嘉宾，当然也是每个主持人都喜欢合作的聊天对象。

在与刘辉小姐的访谈中，有一句话让我印象深刻，她说："我在外打拼十多年，最终选择回乡做茶创业，就是希望用一杯茶的时间遇见最好的自己。"

访谈结束后，我送她下了楼。送到大门口时，她从包里掏出一个黑罐子递给我，说请我品鉴一下她做的茶。我想，这大概就是她说的"映马云池"富硒茶吧。

之后，我回办公室就把那一小罐茶分享给同事们，自己留了一包红茶，继续忙自己的节目去了。再之后，刘辉小姐要我品茶的事儿也就搁下了。但我在剪辑她的节目时，倒是常常回味她的那句话："用一杯茶的时间遇见更好的自己。"

一切从自信开始

7 月 28 日，刘辉小姐又联系我，说她下午 15 点在"光谷创业咖啡"路演，向一众天使投资人推荐他们的创业项目，问我有没有时间去看看。我想看看她是如何推荐创业项目的，于是就赶过去了。

那天的路演者有十几位，刘辉小姐是第 5 个上场的。她第一句话就透着自信，动作干练，声音干脆，语言流畅，是全场唯一一个按规定完成项目推荐没有超时的路演人。与此同时，她还特意给所有天使投资人安排了一杯她做的茶。

于是，大家就一边品着她的茶，一边听她在台上舌绽莲花，其推荐效果当然也就可想而知了。投资人意兴盎然，当场频频发问；下场以后，更有人追到后台与她咨询洽谈。

不仅如此，刘辉小姐还安排同事给全场所有人都发了一小包试饮茶，我也分到了，这是一包嫩绿色的绿茶。我顺手就放在背包里了。散场后，我们又在现场逗留交流了一会儿。她留我一起吃晚饭，但我还有其他事，就告辞了。

遇见自己

8月7日晚上，是周日，我在家加班剪完节目到零点后，在包里找资料时，意外地发现了那包绿茶，看着那嫩绿的包装，就忍不住想尝一尝。

剪开包装，果然是黄绿色的扁茶。记得刘辉小姐说过，这是他们今年的拳头产品，卖得可好了。我一闻，就觉栗香扑鼻，精神也为之一振，于是迫不及待地去倒水冲泡。

扁茶

但见那茶叶在玻璃杯中翻腾几下后，慢慢平静，渐渐舒展，汤色一会儿就由清澈变淡黄，茶叶也次第沉了下去，叶底一片嫩嫩的黄绿，犹如新春时节草地上刚钻出土的芽儿。

这杯茶，我不敢说味道赛过我喝过的极品龙井，但至少也是难分高低吧。我是一边欣赏着一边慢品着喝完这杯茶的；最后，就连杯中的茶叶都干干净净地吃了下去。这才真叫"吃茶"呢，我想，这世间最好喝的绿茶，大概也不过如此了吧！

这时，我突然又想起了刘辉小姐说过的那句话："用一杯茶的时间遇见更好的自己。"

的确，你若心无旁骛地坚持去爱一件事儿去做一件事儿，此时此刻的你，就是遇见了更好的自己；此时此刻的你，也是最幸福的自己！

2017 年 8 月 9 日

西特优的初心

扫一扫，听音频

不忘初心，方得始终。这是当下最为流行的话语之一。有的人把它挂在嘴边，但也有人把它放在心里，并默默坚守，全力践行——恩施西特优联合创始人刘辉小姐，就是这样的人。

西特优是湖北恩施的一个茶叶品牌，主要生产零农残的富硒茶，其成立才 6 年，产品就被清华大学订制。自成立伊始，西特优经常参与高端学术及外事活动，很快便成为湖北地区茶届的一匹黑马。那么，他们是如何做到的呢？

坚持初心。他们坚持用心做一杯零农残的恩施富硒茶，用了 7 年时间的坚守，才终于做到了。未来，还将有下一个 7 年、再下一个 7 年、许多个 7年……刘辉小姐坚定地说："我们能做到！"

在西特优，除了刘辉小姐和杨华毅先生等联合创始人是 70 后，营销管理团队成员几乎全是 90 后，这在偏远地区的农业企业，实在不多见。刘辉小姐说，这些朝气蓬勃的年轻人之所以选择西特优，是因为他们团队都在意识层面取得了共识：做健康农业是一件有意义的事儿。

哲学家尼采认为人生的终极目标是为了解决三个问题：我是谁、我从哪里来、要到哪里去。

刘辉小姐既是一个受过高等教育和良好磨练的职场精英，也是一个感性的文艺青年。她常常是这样的：白天在论坛上推荐合作项目，晚上在家里自得其乐地朗诵诗词。说起当初回到家乡创业的心理历程和人生的终极目标，刘辉小姐说，她从向往的大城市回到生养自己的田园，这其实是一种命运的轮回。

刘辉小姐也曾是职场的精英，在大城市里成家立业。但对一个常思过往、不忘来路的人来说，她的牵挂不在他乡，而在生养她的故土。2008年，刘辉小姐接到了父亲的电话，居然聊了好半天。刘辉小姐很奇怪，这好像不是父亲往日一贯的风格。经过再三"盘问"，父亲这才"坦白"，他生病了，

西特优有机茶园

因为腹痛，都翻到床下了。

这一刻，刘辉小姐猛然警觉，她已离家太久，子欲养而亲不待，她的父母已经渐渐老去，她应该回家，她应该尽孝了。

因为父亲的一个电话，在外奋斗了十多年、事业有成且已为人母的刘辉小姐毅然决然地放下一切工作，带上孩子家人，回到了家乡，回到了父母的身边。

从广州回到恩施后，刘辉小姐除了觉得自己应该回到家乡陪伴已经老迈的父母，其他的事情她都还没来得及多想。但在外闯荡多年的工作经历让她很快就发现，恩施的生态环境和富硒茶叶资源得天独厚，前景广阔，她决定在这方面有所作为，开始再创业。她的想法其实很简单：就做一杯富硒零农残

恩施山景

的好茶。与此同时，她也在寻找合作伙伴。

一个偶然的机会，刘辉小姐认识了清华大学硕士研究生毕业、与她一样回到家乡创业的杨华毅先生，两人意气相投，理念相同。双方一拍即合，于是，一个全新的茶叶品牌——西特优，就此诞生。

有了志同道合的合伙人之后，西特优有了更为清晰的发展理念。经过4年的努力，2016年，西特优与清华大学等机构成功地建立了合作关系，进行产品订制，通过这些订制渠道，西特优的产品很快就供不应求。

特别是2017年，不到半年时间，产品就实现了零库存。2017年7月中旬，西特优在武汉成立了办公室，这标志着，西特优已经开始了它加速前进的步伐。我们期待西特优不忘初心、一路向前。

在采访中，刘辉小姐还多次跟我说，她很喜欢《一杯茶的时光》这个栏目，这和西特优的理念完全一致，他们希望：用一杯茶的时间，邂逅未来。

2017年7月28日

水与树叶的故事

扫一扫，听音频

鲁文锋与李雨橙

这样的画面，你一定见过吧：在乡间的茶山上，茶树翘首望天，溪水静静流淌——远方才是他们共同的家。

你也许会想：这溪水与这树叶会相遇吗？如果真的有缘相遇了，又将演绎出怎样的人间故事呢？

茶之缘

大叔是个茶迷，开了一家茶馆；姑娘是个文青，常去喝茶看书。

一天，姑娘选了一饼较贵的普洱茶，说想回去练练茶艺；大叔不忍相欺，就直言相告，初学茶艺者买便宜点的更合适。

姑娘就心想，这个大叔正直不爱财，眼睛不免就多瞧了一眼；大叔就觉得，这位姑娘文静又爱茶，心脏不免就多跳了一下。

后来，他们就顺其自然、水到渠成地成了夫妻。

这就是鲁文锋与李雨橙平淡而浪漫的爱情故事。在童话世界里，王子与公主是幸福地生活在城堡里的。鲁文锋与李雨橙的城堡，就是他们一起生活、共同经营的"普洱藏家"茶馆。

茶之品

武汉的茶馆很多，但"有品"的也不是太多。

"普洱藏家"有品有好茶，不仅环境幽静、格调高雅，更有白水清、邓时海等普洱茶名家的作品在这里吸引茶客，这在寻常茶馆哪得一见？自从"普洱藏家"武汉三镇都有分店之后，江城茶客就又多了一个休闲会客的好场所。

"普洱藏家"有文化气息，装修陈设古朴厚重，这里不仅茶香氤氲，还有浓浓书香。最近一年多以来，我身边的好几位朋友都加入了"普洱藏家读书会"，并乐在其中，分享的都是诗经乐府、魏晋风骨等高品质精神食粮。

不管是以读书为名品茶，还是以品茶之名读书，在这个热闹喧嚣的年代，能够静心品茶与读书者，总是让人肃然起敬的，而其推动者更是让我油然而生敬意，就如我感佩诚品书店及其创始人吴清友先生的文化情怀一样。

我曾问过鲁文锋先生："办读书会能盈利吗？"

鲁文锋先生答："不仅不盈利，每年还要花费十几万元。"

我又问："商人盈利，天经地义，您为何要做这赔本的买卖？"

品茶静心

鲁文锋先生就说:"茶客的文化品位需要培养。这也是我夫人坚持要做的,我支持她。"

茶之道

鲁夫人李雨橙女士就斜坐在夫君的旁边。这是个素衣长袍的女子,如水一般澄澈而静雅。

李雨橙

我们聊天的时候,她大多数时间都是个沉静的听众,但在步履盈盈间,她就安排好了茶席上所有的一切,有时你似乎都觉察不到她的存在,但你又感觉她似乎无处不在、不可或缺。

鲁文锋先生笑言,起初他认为距离产生美,夫妻最好不在一起工作,后来才发现是自己错了。原来,这个如水的女子也并没有大举攻城,但大叔固若金汤的城池很快就自己城门大开引水进城了——没有水,这城里的百姓该怎么活啊!

我指着茶席上的茶叶与水壶问他们:"如果把夫妻比作水和茶叶,你们如何选择各自的角色?"

鲁文锋先生说:"我觉得我是茶叶,她是水,我这片茶叶只有投入水中才能泡出味美回甘的普洱茶,如果我飘入风中,落在地下,就是一钱不值的烂树叶。"

对于这道"水与树叶"的选择题,我以为李雨橙女士会理所当然地选择"水"的,但没想到,这位蕙质兰心的女子却给了我第三种答案。

她说:"我更愿意做一杯茶,因为水和茶叶都是个体,都有自己的特性,但泡好一杯茶，需要把握水的温度与投茶量的多少。如果水与茶叶各自固执己见，互不接纳，互不相让，互不相融，又怎么能泡出一杯浓淡相宜的茶呢？"

我被他们的生活智慧所折服。我想，这既是水与树叶的缠绵之美，更是这对茶人夫妇琴瑟和谐的相处之道吧！

2017 年 8 月 10 日

水与树叶的交融

新年不欠旧年债

鲁文锋

2018 年 12 月 25 日那天，鲁文锋先生发来微信，热情地约我去喝茶。我一边回信息感谢他的盛情邀约，一边又一次想起欠他的那笔"债"。

2017 年夏天，《一杯茶的时光》节目开播一个月后，我如约去"普洱藏家"光谷分店喝茶，采访店主鲁文锋先生及其夫人李雨橙女士。我印象中的鲁文锋先生，戴着眼镜，文质彬彬，很像一位敦儒的学者；他温言和语，沉稳持重，犹如一饼陈年普洱茶，沉着内敛，淳厚俨然，自得其味。

那次的采访，整整进行了一个上午，我们聊了几个主题。回来后，我选取部分素材，制作播出了一期节目《水与树叶的故事》，讲述这对茶人伉俪琴瑟和鸣的故事。

受时长与主题所限，节目中我忍痛舍去了大部分素材，其中不乏精彩动情的片段。当我随后再次翻看采访笔记、重听采访录音时，我觉得，完全有必要再做一期节目，介绍一下鲁文锋先生是如何成为茶人，如何成为"普洱藏家"的，因为他的故事确实耐人寻味。

鲁文锋先生是武汉人，原为深圳一国营企业老总，本来并不爱茶更不懂茶，但到了广东深圳后，他发现所有业务伙伴都是茶桌上的行家，工作大多在茶桌上进行，普洱茶成了大家的共同语言。鲁文锋先生只好入乡随俗，一来二去，三朋四友，五杯六盏，也就慢慢地喝上了。这一喝，他渐渐地爱上了普洱茶，遇到喜欢的就买一些，也就此养成了买茶、品茶、收藏茶的习惯。开始是一片两片，接着就一件两件，后来就是一吨两吨，甚至更多。由于每年收入所得大部分都用于品茶、藏茶，渐渐地，鲁文锋先生就成了圈内圈外知名的"普洱行家"与"普洱藏家"。

谁又能想到，这种纯爱好无功利的品鉴收藏习惯竟在持续了数年后，促使他开起了自己的茶馆呢？而普洱茶市场行情，竟然也芝麻开花节节高，且长久居高不下。

有一天，鲁文锋先生打开茶仓，一阵浓郁的茶香扑面而来，他猛然发现，自己收藏的这些宝贝已然是"老茶充栋"，奇货可居了。那一刻，他有些陶醉了。恰在此时，有朋友前来鼓动他开茶馆，但云："据一间茶室，交四海茶友，何等快意逍遥？"

鲁文锋先生闻言，不觉动了心；这一动心，也就再难回头，遂辞职下海，回到家乡武汉，开起了"普洱藏家"茶馆。他与中国香港普洱收藏名家白水清、邓时海结成战略合作，所出茶品皆为名仓老号，加之品茶环境闹中取静，茶馆格调古朴典雅，经过十年用心经营，普洱藏家茶馆在武汉早已声名鹊起……

鲁文锋先生的故事，其实很好写成文字做成节目，但是，我的计划却至今迟迟没有实现。

这期间，因为忙忙碌碌，我不曾再去过普洱藏家茶馆，倒是不时有朋友给我带来去鲁文锋先生茶馆品茶后所获得的美好体验，讲他们如何品茶、读书、运动、游学等。其实，不用介绍，在许多人的朋友圈里，我早已看到大家都在分享与评说普洱藏家的"品"和"味"。

这期间，我与鲁文锋先生也不曾再直面相见，唯一一次得见尊颜，是

乔丽磊／摄

普洱茶

2018 年年初，楚天茶道创始人舒松先生邀我去琴台音乐厅出席"武汉茶艺馆"大会，我戴着帽子坐在台下的一角，远远地看到鲁文锋先生上台领取"副会长单位"匾额；别人上台都发表感言，他上台只鞠躬不发言。

这期间，鲁文锋先生也不曾问我是否还会有其他报道。虽然我们都被拉进了好多个群，但他几乎从不参与群聊，也不像有些人借群发广告博眼球。他是沉默的，沉默得就像一杯陈年老茶，内敛而深邃，自有其气度。而我，倒是真的已渐渐忘却了还欠着鲁文锋先生一笔文债。

欠债就该还。不论是银债、茶债还是文债，是债就该还；不管债主是否追讨，都得还。电影《无间道》有句著名的台词："出来混，迟早要还的。"武汉道德模范"信义兄弟"孙水林有句名言："新年不欠旧年账，今生不欠来生债。"欠债，于我确实是一件很有压力的事儿。

一次，与几位做生意的朋友吃饭、喝茶、聊天，我发现他们聊的居然不是产品、服务、利率与纳税的话题，而是公司有多少流水、向银行贷了多少款。其中有一哥们儿开了一间两人小公司，居然能从银行贷出 1000 多万元，我看他开着豪车吹着牛皮，居然人五人六的，潇洒得很。

我对此非常不解，就问他："欠这么多债你就没压力吗?"

他的回答是："欠得越多，压力越小，大家是个利益共同体，还不上又怎样？把我抓起来我就能还钱？银行还不得乖乖地继续给我贷款为他赚钱?"末了，这位款爷还谆谆教导我："兄弟，你要知道，但凡做大事儿的人，都欠债，必须

以茶谈天

得欠债，生意做得越大钱就欠得越多。王健林你知道吧？欠银行的债海了去了，所以他才是中国首富呢！那是他的本事！"

我算是涨了见识了。不过，那一刻，我有点蒙圈，直到现在依然心有疑惑："首富"与"首负"究竟是怎么回事儿？谁能把这事儿说得更清楚点？请原谅我的愚钝吧！看来我是做不了大事的，欠个节目这样的小事都拖泥带水，心怀歉疚。

对鲁文锋先生的采访，我曾不断重听录音重看笔记，剪辑，写稿，修改，如此三番五次，终不满意，只好作罢。不是鲁文锋先生的讲述不精彩，不是鲁文锋先生的茶没有挑动我的味蕾，而是一听到鲁文锋先生那缓缓道来的语音，就感觉我的节目不能过于草率，应该如好茶收藏一样，用热爱与时间加以沉淀。我还没想好怎么设计与表达鲁文锋先生的故事，不敢轻易动"剪刀"；加上不断有新的主题插进来，只好一次又一次纠结地放下了我的节目计划。

但没想到，这一放，这一晃，居然就是一年半光景。我曾把这件事儿说与茶友老吴听，他意味深长地说了一句："你还真是一位'声音藏家'哦！"我们相视而笑，举杯，致意，干一个。是啊，鲁文锋先生是"普洱藏家"，仿佛是受了他的影响，我也成了"声音藏家"。

2018 年的最后一天，我觉得欠鲁文锋先生的这笔"债"必须得还了。于是，我打开电脑，戴上耳机，再次重听我与鲁文锋先生那年夏天的对话，居然有时光凝固之感。我们的声音虽然未曾老去，而岁月却已悄然间两易寒暑——果然是"逝者如斯夫"啊！

我想说：岁月匆匆，余生苦短，任他白驹过隙，我且只争朝夕，新年不欠旧年债，来年不负好春光。

2018 年 12 月 31 日

扫一扫，听音频

华骏阳

明月有心茶有德

前几天晚上，陆羽茶文化研究会会长石艾发老先生来电，说他非常欣赏的一位年轻茶人——"明月茶人"的老板华骏阳又开了一家店，他要去看看，也邀我同往，以表支持。

我有些为难。

坦白说，我 11 点半节目直播，上午得备播，还要处理一些其他事务，时间实在太紧，如果不是非常重要的活动，上午我一般不会外出。

但石老爷子是一位令人尊敬的老茶人，70 多岁了，还在冒着高温酷暑为茶界新人张罗，默默贡献，让人感动，我觉得自己也应该做点什么。而且，老爷子在给我介绍华骏阳的时候，说到了一个小细节，让我感觉到了一个茶人的赤诚。

于是，7 月 26 日上午 9 点，我应约赶到了汉口常青路与长港路交接的"明月茶人"新门店。店堂装饰得格调明亮，简洁大方，毫不虚华，正是我比较喜欢的素雅之风。

其时宾客盈门，恩施市润邦国际富硒茶业有限公司（简称润邦茶业）董事长张文旗先生、飞强茶业董事长卓万凯先生、华中师范大学传播系主任吴志远教授、湖北茶叶网创始人李锐先生等朋友都来了，当然，石艾发老爷子和他的副会长黄木生教授、密小华老师等也都来了；还有其他许多不相识的贵宾。

一家茶店的开业，能有这么多湖北茶界的知名人物到场支持，可见"明月茶人"的创始人华骏阳在湖北茶界还是很有人缘、很有人望的。但令人意外的是，华骏阳居然是一位不到40岁的茶人，这更凸显了他的年轻有为与才力精干。

这是我第一次见到华骏阳，也是我第一次来到"明月茶人"，我当然要问问"明月茶人"这四个字做何解。华骏阳先生的回答让我感受到了一股清新之气。

华骏阳说，他崇尚自然，只希望"明月茶人"简简单单，干干净净，多讲茶，少讲故事，卖好茶，不忽悠，不浮夸。

我非常欣赏他的经营理念，因为很多茶人都跟我说，卖茶其实很多时候卖的是情怀与故事，但华骏阳却反其道而行之，直视本质，以真诚的态度销售茶叶。

当然，茶文化并不排斥好故事，茶文化需要好故事，但无中生有，加油添醋，有意粉饰，肆意捏造，那就不是讲故事，而是编故事，讲神话了。

华骏阳是个坦诚的茶人。

我了解到，"明月茶人"是个茶叶销售实体店品牌，华骏阳没有自己的茶园基地与加工厂，他销售的茶叶以湖北名茶恩施玉露、利川红及武夷岩茶为主。华骏阳毫不谦虚地说，所有进店销售的茶品，都是他到原产地精心挑选的，每一片叶子的色香味形都经得起茶客的挑剔。

我问："你对自己的定位是专业找茶人吗？"

华骏阳的回答干净利落："不，我的定位是专业卖茶人，我找好茶是用来

恩施玉露　　　　　　　利川红　　　　　武夷岩茶（琪明肉桂）

卖的，不必遮遮掩掩。我就是个卖茶人，我以国家评茶员的专业知识为消费者找好茶。"

至于"什么叫好茶"，华骏阳的理解是："适合消费者需求的茶才是好茶。比如，你只想消费100元一斤的茶，那我就要给他在这个价格区间中寻找品质最好的茶，而不是给客人讲故事，让他多掏钱买贵的，或者以次充好。"

这让我想起了石艾发老先生给我讲的一个故事：5年前，湖北茶界老前辈欧阳勋80大寿，到贺者甚众，持礼者甚寡。其时，华骏阳刚刚创业不久，与欧阳老先生也素不相识，但他闻讯自发前往，并为老寿星呈上了一个不小的红包。

华骏阳的这份赤诚，被一旁的石艾发老先生看在眼里记在心上。他觉得这个小伙子朴实诚恳情商高，于是着力支持与培养；而华骏阳也务实肯干，不到10年的光景，就把一个"明月茶人"茶店开到风生水起，渐成气候。

国人自古尚德。有道是："有德者常得贵人相助。"而茶界自古就有茶德之说。茶圣陆羽在《茶经》中写道："茶之为用，味至寒，为饮最宜精行俭德之人。"茶，不仅是俭朴的饮品，更是人们高尚情操的物质体现。

何谓茶德？

简言之，是指茶人或茶客的道德，它将茶的外在表现形式上升为一种深层次、高品位的哲学思想范畴，并以此追求真善美的境界和高贵的道德风尚。

今人更将茶德归结为康、乐、甘、香、和、清、敬、美等 8 个字，并以此为标准形成价值观，品茶传道、教化人心。

明月，素来就是高洁、宁静、清雅、幽思与理想的象征。取"明月"之名，行"茶人"之实，此意境与抱负确实高远，华骏阳可谓是有心有德之茶人。

是故，明月有心茶有德。

2019 年 7 月 30 日

扫一扫，听音频

陈钰澍

转角遇见小茶原

　　5月的江城，时而细雨霏霏，时而晴空万里，耳畔江风徐徐，可闻汽笛悠悠。若到长江之畔的汉口老街区漫步闲逛，在每一个转角处，你都有可能遇见一种别样的风情。

　　从沿江大道宋庆龄故居门前走过，右拐转角处，就踏上了一条方块糙面小青石铺成的步行街，耳膜立刻就由喧闹切换到宁静。在这片闹市里，这是一个难得的雅静所在，红砖青瓦，低矮错落，街巷幽深，在无言地诉说岁月的沧桑。

　　往前走，向右，是一栋二层小楼，那是著名的"八七会址"，显出庄严的气质；再往右看，一栋灰墙洋楼就在眼前。我很诧异于它的重门紧锁，不禁望了又望，只见油漆斑驳，铁窗含锈，一派肃穆。

　　同行的朋友说，夏明翰烈士就曾被关押于此。哦，原来如此，难怪"为人进出的门紧锁着"，这铁锁，这重门，这高墙，依然在昭示着今天的人们：自由是多么的宝贵，自由的得来是多么的不易……我不由得驻足停留，往那铁窗铁锁多看了几眼。

继续向前，文化与时尚的气息就扑面而来。

左边有文创大楼，右边是珞珈小学，两边的大树下、长椅上、花丛间，不时有恩爱情侣的甜蜜身影，他们或披婚纱，或穿礼服，或依偎，或相对，或十指紧扣，或斜抱拥吻，"咔嚓""咔嚓"，一个头戴苏格兰鸭舌帽的摄影师左挪右移，不失时机地按动着快门，这声音让过往行人不自觉地就放慢了脚步，生怕惊扰了那一对对倾情展示幸福的鸳鸯。

这条街，名叫珞珈山街，这多少让人感到意外。这条街，居然远离武昌学府胜地劝业场、珞珈山，静卧藏匿于商业文明繁盛的汉口老街区。有了它，这片商业气息浓郁的街区顿时就显得历史厚重、文化灿然。

再往前走，就是一个十字路口。这时，空气中有淡淡的咖啡香味飘来；在路口沿着转角处"汉口往事"餐厅左拐，几乎整条街道都是咖啡屋、休闲店，走进巷道百余米，"小茶原"茶店就在那里，安静地等候着踟蹰往来的客人。

我爱咖啡，但更爱茶。茶香虽然没有咖啡那么芬芳浓烈，但它更为优雅内敛，沁人心脾。我经过咖啡屋，走进了"小茶原"。茶店的主人名叫陈钰澍，31岁，是一个帅小伙儿，来自中国台湾。我们进店时，正是午后14点，里面还没有客人，他正在吧台处擦拭着玻璃茶器，那安静而专注的神情，让人感觉他的确就应该潜心事茶。

"小茶原"很小很简洁，不过一个吧台、五张桌子、两三个摆茶的货架，

小茶原

虽然没有传统茶店的大气与雍容，但空间规划与灯光装饰不错，逼仄当中也别有洞天，富于情调，很适合青年朋友光顾。那墙上的一句话我很喜欢：回归原点，从一杯茶开始。我感觉这与《一杯茶的时光》节目的调性很吻合，立刻就增加了许多亲切的感觉。

我与陈钰澍就在吧台漫聊起来。小陈说，他毕业于台湾辅仁大学，热爱乒乓球运动，10 年前曾到武汉体校集训过，并由此与武汉结缘。后来，他娶了一个可爱的武汉姑娘，所以就留在了这个可爱的城市，并开了这个可爱的小茶店，主要向武汉的年轻人推广台湾乌龙茶文化。

陈钰澍边聊天边泡茶，每一泡茶的投茶量与出汤时间，都用量器严格把握。

他泡的东方美人茶，茶汤黄澄清透，香气馥郁高扬，口感醇厚甘甜，实在是好喝得很。我以为这应该是他最好的茶了，但紧接着，他又给了我一份惊喜。他随手又泡了一壶蜜香贵妃品尝，这是用金萱烘焙而成的红茶，色泽明艳，既有蜂蜜香，又有花果香，入口生津，甘中带甜，回味无穷。有了这样美妙的品饮体验，我顿时就觉得这个"小茶原"不仅不小，反而宽敞明亮起来。

不知不觉间，我就在"小茶原"逗留了许久。其时，街面上的客人渐渐多了起来，中国人，外国人，都有，他们踏着悠闲的步子缓缓而来。老汉

泡茶

口街巷里的下午茶时光渐渐鲜活起来，我在这座城市里生活了二十几年，但依然对它的脉动感觉很新鲜。

"小茶原"的客人渐渐多了起来，我起身告辞，数着搓衣板一样的青石板路面彳亍而行。走出很远，在街头的转角处，又忍不住回头张望，并期待在下一个转角处，邂逅一份惊喜……

2018 年 5 月 23 日

扫一扫，听音频

老刘

4月的一个午后，老刘（刘兴起）如约来访。其时正值暮春，刚入谷雨，尚未立夏，但武汉的阳光却已经很热烈了。

接到老刘"已到"的微信后，我下楼去迎接，就见电台门口站着一位中年男士，拿着手包，一脸谦和的微笑，神态安静地站在台阶下；他个子不高，脸上淌着汗，头发根根竖起，很是精神。

"您是刘总？"这是我与老刘第一次相见。

"林老师好！"老刘立刻跨前两步，伸出双手上了台阶。他操着一口憨厚朴实的山东腔。

半个月前，我应武汉茶艺馆协会之邀出席一个茶事活动，老刘是赞助商；活动结束后，他加了我微信，约我见面，喝茶。他说，好茶需好水，他有好水，想请我品品。我也想做一期关于"水与茶"的节目，也想与人聊聊"水与茶的关系"这个话题，于是才有了这次见面。

寒暄两句，我就引老刘到大门右侧的接待室办理访客登记手续。我随意瞟了一眼他的身份证，果然是条山东好汉。

神农洞山泉

办好手续，正待刷卡通关进门，老刘却快步走到了大门左边，手包一放，身子一蹲，抱起来两个沉甸甸的白色纸箱，上印品名"神农洞山泉"。我顿时明白他为何一脸汗水了。

"我带了两箱水来，请林老师帮忙品鉴一下。"他很客气。我搭了一把手，帮他接过了一箱，一起进门上楼，喝茶聊天。我们所聊的内容，有一部分语音我已经编入到《一杯茶的时光》节目中，有兴趣了解更多的朋友不妨听听，这里略过不表。

老刘告诉我，他的主业是金融，水是他的副业。因为他对健康饮水要求较高，从山东到湖北工作5年来，一直从老家调饮用水。后来他在恩施东北部的巴东神农溪上游觅得一处水源，水质优良，微量元素高，尤其是锶与硒的含量高于其他大部分地区，既适合直饮，也适合泡茶，并给我看了水质检测报告。

老刘告辞后，我把这两箱水分给了来访的同事与朋友。我说，一个朋友送来的，新产品，你们试试看。他们拿着瓶子细细端详，都说，看上去很高档啊！更有同事告诉我，孩子把水带到学校向同学显摆："我今天带的水是山泉水，来自神农溪哟！"

我也细细地品了老刘带来的神农洞山泉水，感觉有股独特的甘甜的味道，说不清道不明。经验告诉我，这款山泉水直饮确实不错，但一茶一性，用来泡茶表现如何，还有待检验，而老刘给我的水质检测报告比较专业，老实说，我看不太懂，不敢妄断。

为了验证这泉水的泡茶表现，我把老刘和他的水带到了华中农业大学的评茶实验室，请茶学专家陈玉琼教授帮忙予以品鉴。检测结果表明：不同的茶须配以不同的水，作为一款矿物质丰富的山泉水，神农洞山泉微量元素丰富，直饮口感非常好。但用来泡茶,则因茶性不同,而表现各异。泡绿茶、黄茶优势并不突出,而用于泡饮发酵程度较深的茶(如青茶、红茶、黑茶)优势却较为明显。

老刘觉得这个检测很有意思,当即表示,他愿给华中农业大学茶学系无偿提供教研活动用水。不久后,我再应邀去参加农中农业大学校庆 120 周年茶学系晚会时,看到当晚的活动用水与奖品就是神农洞山泉水,我立刻感觉老刘是个一诺千金的人。

有时,与朋友见面喝茶,聊到茶与水时,我也会提到老刘和他的水。朋友们听了都很感兴趣,纷纷表示想买他的水。老刘知道后,总是一句话:不用买,我送给你喝。朋友说,这哪能行!老刘却说:"不要钱不要钱,先喝喝嘛!"

庄子曰:"君子之交淡如水。"我与老刘大概就是如此,见面虽不多,但常有联系,一如溪水,细流涓涓。某次,他随口对我说了一句:"以后咱家喝水我负责。"结果几天后就有人给我送来十桶水。太太问:"多少钱一桶?"我笑答:"无价嘞!"

6 月 19 日,《一杯茶的时光》节目在歌棉古树茶庄举办开播一周年雅集,许多好朋友都赶来助兴,老刘也送来了一车神农洞山泉助兴,每位到场嘉宾,除了获赠一饼"歌棉熟普"、一块"泾渭茯茶",每人还有一大壶水。于是,接下来的这几天,就不断有朋友向我反馈,说果然"好茶配好水,好水需好茶"。

老刘是某大型投资公司高管,做水纯属个人爱好;搞金融玩的一般都是大项目大资本,投资的往往不是当下,而是未来。大概正因为如此,老刘并不像个抠抠搜搜的小生意人,不仅不急功近利,反倒像个广结善缘的陶朱公。我觉得,这是一种境界。

老子崇尚水的境界,将其谓之为道,故有传世箴言:"上善若水。"他的理解是"水善利万物而不争,处众人之所恶,故几于道"。因此,水,既是生活之必须,更是生命之哲学;它是当下,更是未来。我感觉,老刘选择水作为自己的生活爱好之一倒很适合他的品性。

因为《一杯茶的时光》周年雅集还剩一些水,我就让人送去几桶给湖北省茶业集团的朋友们分享,既可完美搭配他们美味的青砖茶、米砖茶、宜红茶,又可答谢他们一

好茶配好水

直以来的热情相待。没想到,湖北省茶业集团的朋友收到水后,居然回微信誉之为"神水"。这当然是溢美之词,但分享的快乐尽在其中矣!

我突然觉得,老刘的"神农洞山泉"的味道,我能说得清道得明了——没错,那就是人情的味道!

2018 年 6 月 24 日

段肇红

大叔为何爱喝茶

网上流传着一个大叔们喝茶的段子：

健身太累，跑步太苦；美食会肥，饮酒伤肝；书画太难，琴棋费脑；读书伤神，旅游无聊；开水寡淡，饮料太甜；而茶，刚刚好！

第一次听到这句话的时候，我觉得挺可乐，忍不住大笑起来。

每个段子都是一个故事，不过，我感觉这段子里的大叔确实很衰（不是很帅哦），与自己也有点像。我觉得自己还挺年轻的，但别人不这么觉得啊！我现在出去，就常常有人叫我大叔；更可气的是，就连我太太都叫我大叔，我也就只好随缘，接受了这个事实。

所以，我常借用鲁迅的名言开玩笑：我本不是大叔，只是叫我大叔的人多了，我也就成了大叔。——我想问大家一下，39 岁也能算大叔吗？

第二次在手机上读到这个段子的时候，我就笑不出来了。

为啥呢？因为文科生都有个臭毛病，喜欢琢磨，喜欢推敲，喜欢咬文嚼字，喜欢推己及人。很不幸，我也是文科生，我也爱琢磨。这一琢磨，就复杂了。世上的事儿，只要一复杂，它就会变得很麻烦。呵呵。

比如，我就想：大叔怎么了？大叔身体就不行了吗？那怎么有那么多大叔就能生了二胎呢？再比如，我又想：大叔怎么了？大叔干着最重的活儿，熬着最长的夜，拿着并不是最高的工资，就不能让自己的生活变得多姿多彩一点吗？

在这个段子里，好像大叔们把消闲娱乐的首选当成了喝茶是一种无奈的选择。其实不然，喝茶，既能平心静气健康养生，又能坐而论道修身养性，何乐而不为呢？再说了，喝茶也是个体现个人消费品味与修养档次的表现呢！

所以，喝茶的大叔，我觉得还是挺可爱的。您觉得呢？

不过，客观地说，有些大叔虽然经常喝茶，但其实对茶的认识也是有待提高的。

对有些大叔而言，喝茶的原因，无非是因为白开水太寡淡，碳酸饮料太甜，咖啡啤酒太刺激，而茶，则是刚刚好——无聊时嘴里有些香气，疲倦时也颇能提神。但对诸多名茶的故事、工艺、特点等，他们却是不甚留意的。

很多大叔喝茶，最留意的是第一口茶的感受，就像寻找初恋的感觉。如果初恋没有找到，又不得不应付场面，那怎么办？就只好装了。这就是所谓的"装那个啥"，你懂的。

某天晚上，我去武昌绍华路的"叹茶居"茶馆喝茶，认识了茶馆的主人段肇红先生。这也是一位大叔，不过这位大叔，可不是一般的大叔，他是一位国家一级评茶师，也是一位书法家，艺术修养很高。

我看了段肇红先生创作的书法作品，参观了他的茶馆，欣赏了他的私人订制茶礼，也喝了他的好茶，感觉他的艺术水准与鉴赏能力都很高。但我对艺术不内行，也就不敢予以置评，以免说外行话贻笑大方，所以只是频频点头，以示敬仰。

当然，那一桌的茶友，十几二十位，几乎一大半是大叔。也有大叔恭维我，说林老师，你的《一杯茶的时光》节目多么多么棒！

我听了，感觉他们很会说话，虽然我觉得自己做节目确实很认真，但还是频频谦虚地摇头，人家这是客气，在捧我呢。人家给你面子，你自己可不能骄傲不能当真，这是我们自古以来的处世原则。

我们大家一边喝茶，一边闲聊，无拘无束，这真是一个很开心的享茶会。

享茶会的茶叶展示

喝完茶，回来的路上，我一边开车，一边与我太太闲聊。我太太就开玩笑："你们这些大叔在一起真能聊，也真能装！"

我听了就说："这你就不懂了，这个不叫装，这叫合群。比如西方人的交际舞会、酒会，下午茶茶会，为什么大家都要穿得很正式，现场布置得很温馨漂亮？因为社会需要这样的环境，有时候，仪式感能洁净我们的心灵，能高贵我们的人格。""高贵"是个名词，但我在这里把它当动词用，我就感觉有一种仪式感。

叹茶居茶馆的段肇红先生跟我讲，他非常喜欢"生活茶"的理念，所以他也在自己的茶馆里推广这个理念。

什么叫生活茶呢？我的理解就是生活中的普普通通的喝茶，而不是那种看起来高大上的喝茶，动不动就讲年份、讲山头、讲品种、讲价格。此外，普普通通地品鉴一杯茶的好与坏，不同的品鉴水平自有不同的评价标准，我们应该予以尊重，不必品格一致，不必言辞一致，用心品茶即可。

我对段肇红先生的"生活茶"理念非常赞赏，我也与他分享了我的一次学习经历。

我是不信佛的，但因为机缘巧合，2017年下半年，我有机会听了一位大和尚的一次布道。这位大和尚叫了凡，据说是江西广佛寺的一位高僧。他给一些参加茶会的朋友讲生活茶，也讲生活禅。他认为无论是茶还是禅，其实，首先是服务我们的生活；能否教化人心，那是其次。

当然，我的理解是：喝茶才是最主要的，茶文化只是个副产品，虽然副产品常常喧宾夺主，更显价值。

我由此而想到，日本讲究"禅茶一味"，我们有很多朋友不明就里，也经常将之挂在嘴边、写在纸上、挂在墙上，觉得那是很高级的东西，但其实没有那么高深的学问，就是生活而已。日本的茶文化也是来自中国，只不过他们加以改造，以更适应他们的生活而已。就像佛教，本来自印度，传到中国后，中国历代人把它加以改造，更为世俗化，更为人们生活所用。仅此而已。

那次，我听了了凡和尚的一番话，立刻有顿悟的感觉：好好喝茶，少一点杂念，多一点纯粹，这就是生活，这就是生活茶。

叹茶居外景

2018年12月，《一杯茶的时光》在做一件公益事业：推荐你心目中的好茶馆。如果你有感于某茶馆的茶品、环境、茶艺等，想与更多朋友分享，请向我推荐；觉得自己很不错的茶馆，也可以自荐，并说出你的理由，我们一样予以推荐。

在这里，我推荐"叹茶居"，不仅因为那里格调高雅，茶品众多，

叹茶居茶室

还因为"叹茶居"主人段肇红先生所倡导的"生活茶"理念。

我认同段肇红先生的"生活茶"文化理念，段肇红先生也认同《一杯茶的时光》节目的传播理念，所以我们聊得很开心。

有好茶的茶馆常有，有好茶又有好理念的茶馆不常有。如果你想找个地方喝"生活茶"，感受有点品格的生活茶空间，我推荐你到"叹茶居"去坐坐，喝杯茶，聊聊天。

当然，喝茶是他们免费赠送给你的美好时光，聊天是你免费赠送给他们的茶中智慧。

很多的时候，我觉得，免费的往往才是最宝贵的，就像这个世界的空气一样，我们片刻不能离开，但它免费供应。所以，我们都应该保护环境、净化空气，让这些免费的公共产品变得更有品质。

喝茶，享茶，也是这样。

2018 年 12 月 4 日

东湖边 抱云轩

游琪

湖边遐想

2017 年初夏，因为要创办《一杯茶的时光》节目，我到处采风、喝茶、看景、会客，那段时间，看书，聊天，拍照，听音乐，几乎是我每天生活的全部。

再好的演员，也不能一秒入戏，也需要生活的积累、场景的代入、情绪的酝酿，以找到相对精准的表达。主持人做节目，也是如此。

但忙碌中，我也想找一份恬静与舒适。

我们常常开玩笑说，节目的策划与研发是怀孕的过程，节目的日常采编播就是养孩子的过程。我相信阅读文字的各位中，一定有无数的爸爸妈妈，艰辛咱就不提了，谁养孩子谁知道哦。

话说，那年夏天的一个午后，大概三四点，我开着车，从武昌司门口武昌胭脂路采访出来，经过水果湖，上了东湖路，在经过武汉大学凌波门时，我停下来，在湖边坐了一会儿。

路边的梧桐树上，鸟鸣啾啾；树荫下的湖面，波光粼粼。我坐在湖边，看着对面的东湖风光村，那里树影重叠，满目苍绿，引人遐想。

东湖边非常安静，虽然偶尔也有汽车与游人经过，但与热闹喧嚣的司门口相比，这里真可谓是个非常安静的所在了。

我就在这里坐着，吹着带有鱼腥味的湖风，构思着我的节目。

我想，如果武汉大学凌波门能开一家茶馆，那该有多好啊！走进去，坐下来，面对烟波浩渺的东湖，端起一杯茶，仿佛能把整个风光旖旎的东湖都喝进身体。

什么叫"一杯茶的时光"？我觉得，这就是。一杯茶的时光，可高可低，可长可短，只要内心舒适平静，就是美好时光！

当然，那时的我还不知道，未来的某一天，湖的对面，将有一个名叫游琪的姑娘，开起一家名叫"抱云轩"的雅致的小茶馆。

初遇

2019 年 4 月初，我应湖北省茶业集团之邀，在汉口江滩江城明珠豪生大酒店 39 楼的"宜红云端茶馆"举行了一个茶会，会上来了一个秀丽的小姑娘，她叫游琪，留着清汤挂面似的长发，不言不语，安静地坐在一旁。

湖北省茶业集团的金莉女士介绍说，这个小美女有一家小茶馆，她今天是来找好茶的；她当天还特意亲手制作了一个精美的蛋糕，作为茶点，分享给与会朋友。

游琪

我听了，很是感动，觉得这姑娘心灵手巧，是个有心人；再看她沉静清澈的眼神，我越发觉得这个姑娘有灵气，就问她的茶馆在哪里。她说，就在东湖边，欢迎林老师有空去坐坐。我答应了。

我也品尝了她的蛋糕，造型与味道都非常美。她说，她茶馆里的糕点，几乎都是自己亲手制作的。我能感受到她对茶的热爱与用心。于是，我们相互加了微信。

但很长时间了，我都没有去她的茶馆。没有别的，就是忙碌，每天的时间总不够用，如果不是工作需要，很多想去的地方都无法如期安排。

直到5月的某一天，因为《一杯茶的时光》两周年要搞活动，还因为台里计划推出《一杯茶的时光》电视版与网络版节目，要为此而物色录制场地，我于是想到了游琪，想起了她在东湖边的小茶馆。

我开始第一次细细地搜罗了一遍她朋友圈所公布的那些信息，这才惊喜地发现，游琪的"抱云轩"茶馆的环境氛围与文化调性非常适合我的初衷。

于是，我决定去"抱云轩"坐坐。

抱云轩

抱云品茶

周日下午，初夏的暖阳，明晃晃的，照得人懒洋洋的。这是一个难得的闲暇时光。

我驱车上了鲁磨路，经过中国地质大学，左拐进了东湖东路，峰回路转之处，立刻就切换了风景，目之所及，林木掩映，绿意葱茏，鸟鸣啾啾。

不到5分钟车程，我就来到了东湖食堂。走进人多热闹的高尔夫球场，右拐前行数十步，穿过球网边的小径，这就到了"抱云轩"茶馆。

这是一座小木屋，临湖而建，面朝大湖，视野开阔。树荫下，屋檐上，几只素雅的灯笼在微风中轻轻摇曳，显得清丽脱俗，格调高雅。

我走进去时，游琪正在临窗画画。桌上，玻璃茶壶里煮好的青砖茶发出棕红炫目的光芒；午后的阳光，透过落地玻璃窗边的白色窗帘，斜斜地照在她的背上与画布上，构成了另一幅安静的图画。

在这里，没有车水马龙，没有电视音乐，只有阳光、湖面、树影、远山，以及天边缓慢变幻着的云彩。在这里，时光仿佛是停滞的，你若静心闭目聆听，除了自己的心跳与呼吸，大概也能听见时光缓慢流动的声音吧。

游琪笑言，这里适合发呆。以她这个年纪，能有这份安静与恬淡，既让我诧异，又让我欣赏。

见有客人到来，在后面吧台忙碌的小妹杜秀云乖巧地端出了茶杯茶点与水果，随后，微笑着坐在一旁，端起一杯茶，慢啜着，观赏着窗外的风景。

两个安静的姑娘

这两个安静的姑娘，是"抱云轩"里最闲适最优雅的风景。

我们随意地聊天，品茶，吃茶点，坐看云起云落，再看云卷云舒，这片高远的天空，仿佛又是另一个喧嚣激荡的江湖，而我面前的东湖，却风平浪静，处之泰然，自有一番淡定与从容，与左岸的珞珈山形成了一幅隽永的山湖画卷，让人不禁开始期待夕阳下的晚霞满天与大湖落日，也让人不禁联想到早春时节的烟雨江南、初夏清晨的雾霭微岚……

见我在欣赏屋内"抱云品茶"的匾额，游琪说，这是他父亲的亲笔题赠，父亲说，这是一种人生境界。

是啊，能有这种品茶意境那真可谓高妙之人了。陶渊明诗曰："山气日夕佳，飞鸟相与还。此中有真意，欲辨已忘言。"此时此刻，此情此景，何其贴切，而这一杯茶，就是一个意蕴悠长的下午时光……

抱云而归

日暮时分，我从抱云轩归来。穿林而过，进入鲁磨路，我的世界又切换到了熟悉的喧嚣中。

那一刻，我在脑海中立刻写下了这句话：踏着花溪小径，守着一间木屋，远离喧嚣，临湖而居。

夕阳下，湖面波光粼粼，远处

抱云轩湖景

楼影朦胧，天边云霞绚丽。暮色下，你若有闲情诗意，描摹几笔，抱云而归，不亦快哉！

2019 年 5 月 30 日

扫一扫，听音频

皆大欢喜不是茶

2019 年 5 月 6 日下午 15 点，第十九届中国武汉茶业博览交易会春季展即将闭幕，就在展商们开始收拾行装准备撤展时，湖北茶界的多位专家、学者、茶商却应《一杯茶的时光》节目组之邀，在现场坐了下来，一边品茶，一边开会。

这个会，我们戏称为"老中青三代茶人的茶话会"。

众口难调也有招

办活动是请客吃饭，众口难调；办茶展是请客喝茶，口味各异。但展会主办单位武汉中兴恒远展览服务有限公司（中兴恒远）也有自己的做法：既然无法做到所有人都满意，那就尽量寻求最大公约数，广邀天下客，招揽四方茶。

于是，3 万平米的展厅，7 大板块，1500 个展位，中国六大茶几乎所有知名茶品悉数到场，更有"一带一路"国际精品馆；加上紫砂、陶瓷、茶器具、茶食品、茶服、根雕、红木、文玩、书画等茶文化衍生产品，共约十余万种参展，4 天展期，进场共计逾 10 万人次，现场交易额超 8 亿元人民币。

茶展现场

对于这个成绩单，中兴恒远负责人吴远志先生如此自评："武汉茶博会，一年比一年好，一届比一届精彩。"

服务好两个上帝

对此，湖北省陆羽茶文化研究会副会长黄木生教授表示认同，但他也坦言，本届茶博会相比往届，进步较大，展商更多，茶品较多，品质更优，观众更多，但在取得成绩的同时，也应更加突出茶博会的服务功能。

黄木生教授说，本质上，茶博会的主办者做的是服务，应该服务好两个上帝：展商与采购商（消费者）。服务，不仅是展会现场的短期效益，更是展出后的长期效应。如何营造更高雅舒适的展会环境，这是一个必须持续进步的服务内容。

此外，黄木生教授还表示，在展商产品整合展示推广方面，主办单位也应该发挥专业优势，做好咨询服务工作。一方水土养一方人，茶叶是个具有较强的地域性的农产品，名茶基本上都是国家地理标志保护产品，企业或品牌参展应主体突出，其他为辅，相互协助，相得益彰。

茶，还可以这样玩

在本届茶博会的众多展商中，有一家展商人气超旺，这就是"蓝焙·恩

"蓝焙·恩施玉露"展区

施玉露"携手武汉"叹茶居"茶馆建成的联合体验展览区。

他们不仅把茶艺、琴艺、香道、花道、评茶搬到了现场，更邀请了荆楚工匠蒋子祥先生现场献艺——把焙炉搬到现场，近距离展示恩施玉露的传统制作技艺，让茶友、客商更好地了解"湖北第一历史名茶"恩施玉露的制作过程。他们的这种参展模式受到了广大茶客的欢迎。

此外，叹茶居创始人段肇红先生还把他近10年来所收集的100余种名茶标准样带到了现场进行展示、审评，推行"名茶不贵，好茶保真"理念。中年茶人代表段肇红先生表示，他们之所以这样呈现，为的是向人们传递出一个信息：茶，还可以这样玩。这也是本届茶博会上的亮点之一。

"1+1" > 2

对于茶商而言，如何让茶友与客商了解自己品牌、产品的与众不同，这才是参展的头等大事。对于当红绿茶"恩施玉露"来说，如何凸显"蓝焙"品牌也同样如此。

"蓝焙·恩施玉露"品牌创始人、荆楚工匠蒋子祥先生的做法是"联盟"，他们与经销商"叹茶居"茶馆携手，各显所能、合作参展，一个在传统技艺上发力，一个在茶文化方面下功夫，相

恩施玉露干茶叶

互配合，相互推广，取得了"1+1"＞2的效果。

蓝焙恩施玉露武汉办负责人、沐心茗茶馆总经理黄艳女士说，恩施玉露很火，目前市面上鱼龙混杂，假货劣品混淆视听，消费者在现场参观体验后就有了参照系，逛了一圈后又回来了，说还是"蓝焙"的恩施玉露口感好，这说明消费者的鉴别能力提升了。

利川红为何能红

2018年4月28日"东湖茶叙"之后，蛰伏23年潜心修炼的"利川红"终于一"叙"成名天下知，红透了大江南北、长城内外，"一红一绿"同步亮相成为标配。此次参展，仍然如此。在"蓝焙·恩施玉露"与"叹茶居"的联合展台的对面，就是"星斗山·利川红"。

在本届茶博会上，利川红也是关注的焦点之一，慕名到现场来买茶、洽谈的茶友与客商不少，但作为青年茶人的代表，利川红的销售总经理马化先生却表示，他并不看重现场的流量与销量，却更在意消费者对"星斗山·利川红"品牌与质量的认同，以及后续的消费黏性。

当然，马化先生也笑言，他常常被人问到"利川红为何能红"这个话题，对此，他的回答是："我们没有成功的经验，只有失败的教训。"这句话里，既有故事，又有文章。

政府的支持

来自襄阳谷城的老茶人李小虎先生一开口就向《一杯茶的时光》节目组坦言："茶企业没有政府的支持，难以生存，更难发展。"

他举了自家的例子：他们公司有2000多亩茶园，春茶采摘期因为采茶工严重不足，导致大面积的茶园错过了采摘期，只能眼睁睁地看着那些可用作高档茶的原料被白白浪费掉。

为了缓解局面，他们甚至还请过学校师生、劳教所成员到茶园帮忙采茶，按市场行情付费。然而，尽管鲜叶收购价格节节攀升，一度涨到60多元一斤，却并未改善现有的局面。他觉得茶博会是个很好的发声平台，所以不停地奔走呼吁，希望能引起业界及各部门领导的关注与重视。

支持力度是关键

就在我们老中青三代茶人开会的间隙，湖北茶届著名专家、湖北省陆羽茶文化研究会会长石艾发老先生给我发了一则消息："四川省委书记彭清华莅临当地茶博会现场，为当地茶博会站台打气。社会各界人士参与踊跃，盛况空前，让人很受鼓舞。"

石艾发老先生表示，他也注意到，同一时间，四川、湖南、安徽等地也在举办春季茶博会，当地政府支持力度在不断增强，出席领导级别也越来越高。他还曾在多个场合公开呼吁，湖北茶的品质一流，产量全国靠前，茶人茶企也很努力，但为什么品牌与产值却增长较慢？为什么各类名茶全国性评奖常常吃亏落后？关键还是各界的支持力度不够大，尤其是急需政府的更大力度的支持，希望四川省的做法对我们湖北茶届的发展有借鉴作用。

不过，石艾发老先生也表示，他欣喜地看到，湖北茶届今年已经有了较大的改变。除了以上茶人所呈现的亮点，还有湖北省茶业集团、赤壁市青砖茶展团、英山云雾茶抱团参展的做法也颇值得点赞。

茶的本性

本届茶博会，不仅湖北省茶业集团参加了赤壁青砖茶组团阵容，旗下的赵李桥茶厂"川"字青砖茶、宜红茶也有自己的专属展位。

此外，湖北本地的英山、宜昌、恩施等名茶产区也都各自组团，一起参展，既扩大了展台面积与茶品规模，也壮大了本地茶的参展声势，凝聚了业界的信心，积极性空前高涨，起到了很好的推广作用。

值得一提的是，湖北咸宁赤壁市这次组织了十余家青砖茶厂商集体抱团参展。当地政府的做法是，每家企业给予 2 万元现金补贴，鼓励他们参展。

赵李桥茶业营销总监雷晓猛先生告诉《一杯茶的时光》节目组，政府补贴的这 2 万元，每家企业用 1 万元装修展位，用 1 万元作为展会劳务支出，再加上 4 天展期大家都有销售业绩，每家茶企不仅不亏，反而小赚一笔，不仅赚了人气赚了钱，还赚了市场口碑，可谓皆大欢喜。

因此，赤壁茶商纷纷表示，政府这件事干得非常漂亮，可谓深得民心。

说到这里，我突然想起了一件事儿。

2019 年 5 月 5 日，我应邀到江西展商"傻教授·晓起皇菊"的展位坐了一会儿。那位小茶仙很漂亮，我品了她的茶，赞了她的美，拍了她的照，并写了一句话分享朋友圈："让客人坐下来，养胃、养眼、养心，至少，得有一个理由。"

结果，这条朋友圈引来朋友们的纷纷点评与关注，有的是因为姑娘的容貌，有的是因为我的那句话，有的称赞姑娘容貌长得好，有人喜欢姑娘的气质，有人指出姑娘泡茶手法还有待提高，甚至还有人说姑娘的坐姿可以更优雅……众说纷纭，不一而足。

小茶仙

我看大家发言，不说话，我觉得大家都说得很精彩。朋友圈的舆论需要引导与关注，茶博会也是个朋友圈，更需如此。

茶是包容分享的文化，大家各

有所求、各有收益这就够了，至于皆大欢喜，那就不要奢求了——这不是茶的本性。

2019 年 5 月 9 日

茶友篇

茶之友

扫一扫，听音频

物以类聚，人以群分。朋友也是。有种朋友，就叫茶友。

茶友值得相交

何谓茶友？我给的定义是：喜欢品茶，因茶结缘，因茶而聚，因茶而交，因茶而乐的朋友。这类朋友，大多有情调有情怀，有一定的生活目标、艺术修为与鉴赏水平。

当然，茶友中也不乏附庸风雅者，但这又有什么关系？心怀向善向美之心，附庸得久了也就风雅起来了，多给点时间就是了。

有人说："酒友值得相邀，茶友值得相交。"我觉得有一定的道理。喜欢喝酒的人，可能会迟到，但一般不会失约，什么时候约一般都不会令人失望。喜欢喝茶的人，可能会很穷，但一般都懂分享，只要自己有的，绝不会小气巴拉。不信，你可以试试。

有相同的兴趣爱好，就有志同道合的精神契合与物质基础。茶是个非常好的社交媒介，有足够的包容性，爱茶的因茶而聚，以茶为媒、因茶结缘、以茶会友，其乐融融，总能求得最大公约数。

茶友俞力立

最近，我与许多茶友分享了湖北青砖茶、天福贵人茶，这都是朋友的馈赠，我再转赠给爱茶且有缘之人。青海西宁的茶友俞力立收到茶礼后给我发来语音说，来自湖北的青砖茶是她童年最熟悉的味道，因为家人常常用青砖煮奶茶。

俞力立

俞女士的话，让我想起了自己的童年生活。味蕾的记忆最顽固，我们童年最好吃的食物多半与家人相关，包括长辈们那只满是陈年茶垢的搪瓷缸，包括客人喝完茶将手指伸进茶杯夹起茶叶津津有味地咀嚼的样子，那都是乡愁的味道。

这都是如烟往事，这都是模糊印记，但这都是茶里的文化。透过蒙尘的岁月，再回首，再聚焦，我们往往会发现，这留存在记忆中抹之不去的片段才是真正有价值的生活记忆。

因为俞女士的分享，我们产生了共鸣，感受到了生活的温度与温情，这是茶友分享带来的快乐。

茶友余英杰

某天，我的茶友群里多了一位名叫"余英杰"的朋友，我就给他也寄了一份茶礼。

余英杰

4天后的下午3点多，余英杰发来微信，说他在去北京大兴机场的路上，正要赶回武汉。他说这两天出差没时间喝茶，浑身不得劲，回家第一件事就是喝我寄给他的青砖茶。

我笑了。不喝茶就浑身不得劲，这就是资深茶友"犯瘾"后的典型"症状"。

余英杰说，他下午5点起飞，兴许还能赶上《林木先生的茶》节目直播呢！他的话让我越发感到，我的茶文化传播工作是非常有价值的。

余英杰还说："归心似箭，一为妻女，二为品茶。"他的话让我非常感动。我也是妻子的丈夫、女儿的爸爸，所以感同身受，我由此坚信，这位爱茶、爱亲人、爱生活的茶友一定是一位好丈夫、好父亲，我衷心祝愿他们一家幸福快乐！

茶友之交浓如酒

专心从事茶文化传播工作3年来，我的朋友圈里的茶友越来越多，虽然许多人素昧平生，但因为大家都爱茶，彼此互动交流并无障碍。

多年前，我去过一次青海西宁，但和茶友俞力立并无交集；我和茶友余英杰虽共处一座城市，但如果没有茶，大概彼此也不会有交集。

我接到过来自荆门、广东、北京、中国香港、中国台湾等地茶友去当地开展茶文化活动的邀请，也接到过来自英国、比利时、加拿大、澳大利亚等国茶友的热情问候，时空与距离，无碍于我们的交流。我相信有一天，我们会在某一个不经意的时间与地点相遇。

都说君子之交淡如水，我说茶友之交浓如酒。茶中并无多少物质利益，更多的是精神的交流与互动。喝酒有时会让人乱了心性，喝茶却让人愈加清醒。所以，茶友值得深交。

喝茶能静心

前两天，明月茶人华骏阳先生又在水果湖开了一家新店，我应邀去捧场，店里有个姑娘叫了我一声帅哥，我很开心，虽然明知不帅，且年过40，早被叫大叔。但这有啥关系呢？我一样开心得很。

都说四十不惑。其实，世界纷扰，谁能不惑？今天刷抖音，刷到余秋雨，他也疑惑：为什么总有人相信只要背几百上千首诗，就能变得有文化、有品位、有格调、有诗情？

余老师是资深茶友，对普洱茶多有高论，年龄、阅历、学识、品茶段位皆非凡人尚且有惑，后学如我者焉能无惑？

以前教儿子读《论语》："吾十有五而志于学，三十而立，四十而不惑，五十而知天命，六十而耳顺，七十而从心所欲，不逾矩。"

这些句子，我印象深刻，但儿子早忘了。他现在正处于青春叛逆期，脾气大得很，老爱抬杠，除了老师，谁的话都不爱听，但我端茶给他喝倒是不拒绝。这世界太喧嚣了，喝茶能静心，我现在觉得，喝茶比背《论语》更重要，如能与儿子成为一生交心的茶友，足矣。

相遇是缘，感谢茶友，感谢有茶！

2020 年 6 月 21 日

江中潮先生印象

扫一扫，听音频

江中潮

　　采访江中潮先生，我的内心是忐忑的。因为他不仅是一位资深茶友，更是一位著名画家，而我对"画画的事儿"一概不懂，他能和我聊到一块吗？

　　6月的一天，我们终于见面了。在武汉市文联的画室里，江先生一边招呼我坐，一边手忙脚乱地收拾着屋子。这是怎样的"脏乱差"啊！地上铺放着还未完成的巨幅国画，油墨、报纸、画册等，一片狼藉。

　　经过一番"拨乱反正"，在一堆杂乱中，我们有了一块可插足之地，竟然是一张布艺沙发、一个茶几，上面放着一包邓村绿茶，一只大玻璃杯中，绿芽清晰可见。我就此开始了我的采访。

　　正聊着，江先生的电话响了。他一看，一惊，嘴里嘟囔了一句："这个鬼，竟然忘了。"他对着电话喊了一句"你来吧"，然后就对我说："对不住，答应给朋友一张画，一直没时间画，现在人家找上门来了。"他一边说，一边就铺开宣纸，趴在地上唰唰地画了起来。

　　就在这空当，又陆续有几个朋友来电话问候，说好久不见，想来看看他。其时，江先生刚从美国讲学回来。他一边回应电话里朋友的问候与邀约，一边笔走龙蛇，毫不停留。一会儿工夫，画毕。画中，一枝峭立的芦苇上，一只小鸟引颈远眺，神态悠然。

搁笔，上墙，签章，然后，我们继续聊。

不多时，上门讨画债的朋友来了。江先生介绍说，来者是武汉市博物馆的董老师。我们互致问候。董老师就去墙边看他的画，一边看，一边惊呼："怎么只有一只鸟？再来一只！再来一只！"

江先生就笑，说不需太多，一只刚刚好。但朋友执意要求"好事成双"，江先生见推迟不过，又提笔又加了一只振翅欲飞的小鸟。这鸟儿画得栩栩如生，虽是额外添加，但布局恰到好处，且一静一动，匠心独运，毫无违和之感。

见我们正在采访，达到目的的董老师也不逗留，捧着画，一边笑眯眯地道谢，一边满意地告辞而去。我们又接着聊。期间，又有几位朋友或礼貌地敲门进来或打电话过来，江先生也一直热情而耐心地回应着这一切。

我们的话题，虽然时断时续，拉拉杂杂，越说越跑题，既与茶有关，又与茶无关，但我非常享受与江先生的这段聊天时光。他真是个儒雅君子，谦谦有礼，和蔼可亲，性情就如他面前的那杯绿茶一样，纯净，碧绿，泛着生气，透着纯真。

林木（左）、江中潮（右）

江中潮题字

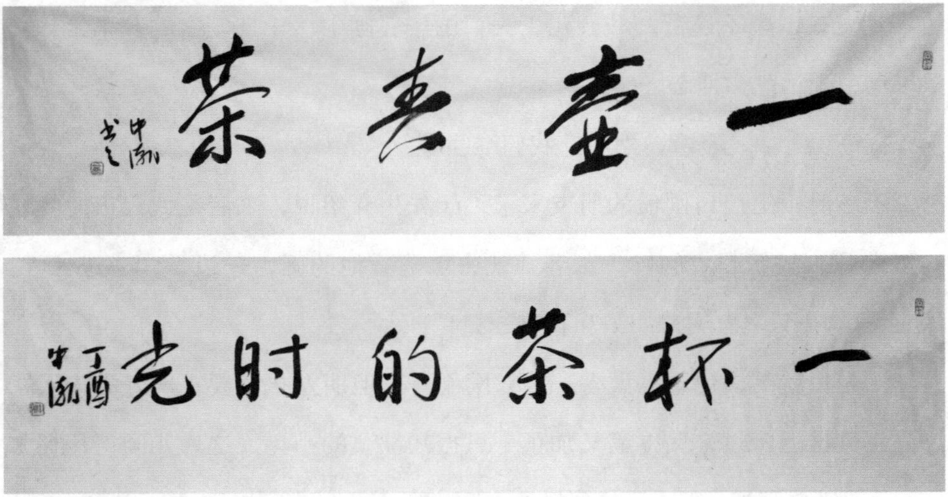

一壶春茶

一杯茶的时光

江中潮赐字

采访结束，我说："我有个不情之请，可否请您为我写几个字？"

江先生二话没说，提笔就赐了一幅字："一壶春茶。"

我得寸进尺，又请他为节目题词，先生毫不推却，再次挥毫："一杯茶的时光。"

2017 年 7 月 3 日

扫一扫，听音频

李刚

茶香深处是乡愁

　　以前的李刚不习惯喝热水，更不习惯喝茶。多年的重案刑警经历，超快的工作生活节奏，早已让他习惯于一瓶矿泉水一仰头，以北方汉子特有的豪迈，咕咚咕咚就干了！

　　他说："干刑警的，吃百家饭，进千家门，行万里路，坐下来喝杯热水热茶，哪里有这个闲情逸致?!"

　　李刚原本也是不喜欢喝茶的。小时候，看到爷爷天天煮茯茶，他也蹭过去喝几口，但喝过一次后就再也不愿喝了，因为茶太苦，喝了还会醉。

　　他说："茶给我的最初印象就是苦，也浪费钱，正值打拼的年轻人，可没这个闲钱。"

　　18岁那年，李刚考上了北京师范大学，他把家乡的那片黄土地留存在记忆中，融入到了首都的茫茫人海。那时，他完全没想过，有一天他会翘首回望，默默怀想，重新思量阔别已久的家乡的水、家乡的茶和家乡的人。

　　直到6年前，他在人民大会堂认识了一个名叫纪晓明的茶人老乡。

　　那时，李刚还是北京市公安局刑侦总队重案支队刑警，主抓杀人、碎尸、

李刚持枪

爆炸、投毒等严重暴力犯罪案件的侦破工作，屡立战功，年年受奖。2013年，陕西省在北京人民大会堂举行盛大的陕西茯茶复兴推介会，李刚受邀参与会议的组织筹备与协调保障工作，但那时他对那些来自家乡的特产依然无感。

工作结束时，泾渭茯茶董事长纪晓明邀请李刚一起去喝茶。李刚直言，我不喜欢喝茶。纪晓明就问，那你喜欢听茶的故事吗？李刚说，这个可以有。于是他们边走边聊。他们的对话从"中美历史"开始。

纪晓明："茶不仅影响了中国，而且改变了世界。"

李刚："这话说大了吧，蒸汽机、互联网才改变了世界。"

纪晓明："中国从封建社会进入半殖民地半封建社会，你知道是什么原因吗？"

李刚："1840年鸦片战争啊。"

纪晓明："鸦片战争的原因是鸦片吗？"

李刚："贸易逆差……对啊，造成贸易逆差的主要原因是中国茶叶啊！"

纪晓明："你知道美国独立是怎样形成的吗？"

李刚："当然是从'莱克星顿的枪声'开始的啊。"

纪晓明："那'莱克星顿的枪声'的诱因是什么？"

李刚："'波士顿倾茶事件'啊！——对啊，这都是因为茶。"

李刚笑了，纪晓明也笑了，他们谈兴更浓了，于是继续喝茶畅谈，话题又从中美历史转入了国内现实。

他们聊到了古时候的"茯茶三不能制"之说，他们聊到了茶对协调社会人际关系与对人体健康养生的妙用，他们聊到了茶在中华文脉中的宝贵贡献，他们聊到了中国古代丝绸之路上的主要贸易物资（丝绸、瓷器、茶叶等）的历史地位，也聊到了中国茶文化在国家"一带一路"倡议中的现实价值……

然后，他们一致认为，中国茶文化（包括中国茯茶）兴盛的年代，往往经济发展，社会稳定，也就是说，几乎都是社会发展最好、国家实力最强盛的时候，正所谓"茶路通则国运昌"。最后，他们取得了共识：茶运即国运，国盛则茶兴！

就这样，这两个初次见面、颇具家国情怀的陕西泾阳老乡相会在北京，操着古

中国茯茶

老质朴的秦人口音，喝着来自家乡的泾渭茯茶，从下午 16 点一直聊到第二天凌晨 4 点，整整聊了 12 个小时还意犹未尽，并一起约定：作为三秦子弟，一定要为陕西泾阳的中国茯茶的复兴而努力。而此前并不喝茶的李刚，也就此喝上了茯茶，并深深地爱上了那口熟悉的家乡的味道……

也许是茯茶给他了创作灵感，也许是茯茶让他的心更宁静，自从品饮并迷恋上家乡的茯茶，李刚就有了艺术创作的强烈冲动。于是，从 2013 年开始，许多个寂静的夜晚，李刚一边品着来自家乡的茯茶，一边从事着剧本创作，把大量自己亲身经历或同行讲述的鲜为人知的新时期首都警察故事，写成了剧本，搬上了荧幕，这其中就包括热播剧《警花与警犬》。

此后，李刚一发而不可收，佳作频出，先后担纲了电视剧《湄公河大案》《清网行动》总策划，电视剧《警花与警犬》《南锣警探》《蹈火先锋》《我本神探》系列作品总编剧，电影《警察故事 2013》《神探亨特张》《解救吾先生》策划与监制。李刚的笔耕不辍引起了关注和轰动，被业界称为"一手拿枪、一手

拿笔"的刑警编剧,一时洛阳纸贵。

在采访中,李刚对我说:"纪晓明有一句话让我内心非常震撼。"

我问:"哪一句?"

李刚告诉我:"泾阳是茯茶的发源地,距今已有 500 多年的历史,曾有过辉煌的过去。纪晓明说,现在是中国最好的时代,复兴茯茶是他毕生最大的梦想。"

纪晓明的话深深地触动了李刚。刑警本色的李刚开始了各种调查与研究,通过访名师、读专著、查典籍,他这才知道,曾以为自己熟悉得不能再熟悉的生养他的关中平原、泾渭之滨,竟然有着如此深厚的茶文化底蕴,并已经融入到了秦人的血脉之中。

关中的父老乡亲日常说的"到我们家来喝水",其实喝的不是水,而是茶,是茯茶;陕西人常说的"骏马快刀英雄胆,干肉水囊老羊皮",这既是秦商的创业开拓精神,也是茯茶行销天下的精神内质与根本原因。李刚说,纪晓明就是新时代秦商的代表。

近几年,李刚卸去鞍马洗尽征尘,编剧也从曾经的副业变成了主业,而茶却成了他新的副业。私下里,李刚告诉我,其实他现在最享受的是自己茶人的角色。他正在各地收集素材,期待着有一天为家乡父老,为中国茯茶编一部大剧,以解茶韵,以寄乡愁。

李刚的话,也让我思索神往了许久……我想,茶香大概是每个中国人灵魂深处的乡愁吧!

2018 年 12 月 14 日

扫一扫，听音频

何祚欢

何大师的『欢乐会』

　　7月6日，我在《一杯茶的时光》节目交流群里攒了个局，取名曰"欢乐会"。

　　能有这个局，一是因为机会难得——为录制湖北评书非遗资料片，78岁高龄的何祚欢大师终于再度登台开讲，让人满怀期待；二是因为有内部消息——同事家属在摄制组，有卧底内应，遂有近水楼台之便。

　　夕阳如金月如钩。傍晚时分，来自三镇的"欢乐会员"相约而至，一半听众都是我们"欢乐会"的队伍。晚上19点半，武汉说唱团"都市茶座"录制大厅，一头银发一袭长袍的何祚欢老爷子欢笑登场，顿时全场掌声雷动。就听旁边一位朋友赞叹："真大师风范！"

　　如今，号称与被称的"大师"的确不少，然则名副其实者鲜矣。何谓大师？我的理解是，在某一行业或领域具有极高诣深、有独特成就、享有盛誉的专家、学者或艺术家方能称之为大师。何祚欢老爷子应该就是这样的大师，他在语言与表演艺术上的成就这里无需赘言。

　　老爷子腰背硬朗，步履闲散，笑容可掬。上台后，他连连作揖；礼罢，坐定，又白头前倾，笑口相问：大家都是怎么来的？大伙儿纷纷作答——打车来的、开车来的、坐地铁公汽来的、步行来的，气氛甚是热闹。

老爷子一边侧耳聆听，一边端起紫砂壶，慢悠悠地斟了一杯茶，然后一饮而尽，茶杯一放，说了一句："今天的武汉与往日那是大为不同啊！"然后，就从武汉交通的嬗变说起，没有一句客套，娓娓道来之间，就把听众引入了他的精神王国。

正当你以为老爷子是要说武汉的历史变迁时，他惊堂木一拍，话风渐变，却说起了评书《三国演义》之"火烧新野"，原来拉家常因势导入只不过是暖场稳神，营造适宜的表演环境才是目的，期间语言流畅，起承转合，衔接自如，

不仅毫无生涩之感，反倒有变化莫名的惊喜之妙。大伙儿不时鼓掌叫好！

其间，还有个有趣的小插曲。当老爷子讲到赵子龙与夏侯惇对阵诱敌，前者装病怯战，后者得意追赶时，不知是老爷子年岁大了记性不好忘了词儿，还是不满意前一段的讲述，老先生歉然一笑，闭目暂停。一时间，全场安静得气息相闻。片刻之后，老先生又重拾前篇继续开讲，不仅气场不破，语势意境更甚之前，如获高人指点

老爷子趣说评书（罗江源／摄）

调整了更为相宜的姿态又重新对阵。老艺术家精益求精的从艺精神由此可见一斑。

这真是一场特别的"欢乐会"。没有编导说戏，没有开场白，没有串联词，没有结束语，整个表演过程轻松惬意，笑声与掌声不时响起；从头至尾，气氛冷热，剧情咸淡，全凭老爷子一嘴调和。一篇讲罢，录制结束，观众鼓掌起立。尽管大家意兴盎然，毫无退场之意，但没有一个人鼓噪要求"返场"，好像大家都商量好了似的——我们就该这样尊重与呵护一位年迈的人民艺术家！

但还是有人上台要求合影，老先生一一满足；最后大家又要求大合影，老先生不仅不推辞，反而招呼几位台下的朋友上台。正当大家站好位置要拍照之时，老先生突然想起了什么，说了句"等等"，蹦跳着就跑过去，从桌上拿起了一把扇子，"啪"地一下甩出三个大字：活着欢！

于是，大家围着鹤发童颜的老爷子，又留下了一舞台的欢笑。老爷子一辈子为人带来欢乐，曾做自传《我叫活着欢》。我想，这既是他名字的谐音，也是他从艺及处世的态度，更是他人生的座右铭！

散场后，我与朋友老薛、老傅最后离场，在说唱团门前等滴滴，就见两个工作人员挽着何祚欢老爷子出来了，我赶紧上前去，握住他的手："老爷子，您辛苦了！"老人家一脸谦和地笑着说："不辛苦，不辛苦。"说这话时，他居然还对面前的这个年轻人弓了弓腰。

目送老人登车离去，老薛抬头望了望隐身于鳞次栉比的高楼间的这座九层高的武汉说唱大楼，突然说了句："这楼太高！"

老傅问："怎么讲？"

我说："老爷子真接地气！"

2018 年 7 月 8 日

相逢是缘 同行为福

扫一扫，听音频

李凤翔

　　大年初一的下午，我收到了李凤翔先生用微信发来的春节问候，我在倍感意外的同时也有些感动，眼前立刻就浮现出一位长者慈祥的面容。

　　去年11月，中国香港九龙总商会商务考察团来湖北咸宁交流考察，我应邀前往采访，于是就认识了会长兼团长李凤翔先生。他身材高大魁梧，国字脸，一字眉，戴眼镜，透着中国人特有的忠厚与儒雅。他穿着轻松随意，衬衣夹克，不打领带，笑容可掬，聆听的时候多，说话的时候少，给人以长者的宽厚与率性。

　　我们的握手相见，是在潜山竹博馆。其时，我与粤港澳（湖北）同乡会理事长陈超先生在门口迎候。一众贵宾陆续下车来，我们纷纷握手交换名片，一边说着欢迎与幸会，很是热闹。老实说，我记性不够好，人多眼杂，要准确记住每个人实属不易；但李凤翔先生伸过来的大手温厚有力，让我印象深刻，马上牢记。

　　之后，我们就爬潜山、游赤壁、逛古街、看工厂、观产业园，两天的日程排得非常满，劳累自然在所难免，但李凤翔先生好像并不觉得累。他虽已年过七旬，但身体强健，步履沉稳；每到一处，总要细细观摩，细细聆听，细细询问；观赏完毕，总不忘与导游和接待人员一一握手，再三道谢，邀请他们合影留念；每每发现有人在拍照，他都会停下脚步微笑相对；就算拍摄主体不是他，也会垂手伫立，留给大家一个优雅的背景。看得出，团友们对他都非常尊敬。李凤翔先生真是一位谦谦君子。

那天上午，我们还一起去了黄鹤楼酒业生产基地，参观了酿酒博物馆，又参观了现代化的生产车间、醇香醉人的酒窖。凤翔先生兴致极高，不仅品了样酒，还与工作人员频频交流，并表达了帮助拓展欧美市场的意愿。随后，李凤翔先生又折回产品展销馆，买了几瓶黄鹤楼酒。他说，以前只知湖北有名扬四海的黄鹤楼，现在才知道还有这么好的黄鹤楼酒，他要珍藏一瓶，还要带几瓶回中国香港与朋友一起分享。

中午，我们到贺胜桥鸡汤小镇吃饭时，看着满桌的当地美味佳肴——瓦罐土鸡汤、宝塔肉、桂花糕、排骨藕汤、雷竹烧肉、清蒸肉糕、烤乌骨山羊……李凤翔先生与中国香港的一众朋友一边大快朵颐一边不停地感叹，世人皆知中国香港是美食之都，但湖北仅咸宁一地就有如此之多的美食，祖国饮食文化之博大精深可见一斑，如能好好加以推广，更能彰显中华文化软实力。李凤翔先生说，作为内地与世界的"超级联系人"，港人大有可为、任重道远。

那天下午，我们去了赤壁三国古战场。站在赤壁周郎雕像前，近看惊涛拍岸，遥望滚滚长江东逝水，李凤翔先生思绪万千。他对我说，虽然自己生在中国香港，在英国受西式教育，但幼年时代就从漫画书中知道了三国历史，知道孙刘联合抗曹火烧赤壁以少胜多的故事，当六七十年后自己终于第一次站在赤壁这块神交已久的热土上时，他童年最美好的记忆也就一一涌上了心头……如果有人认为这是怀旧，我倒觉得，这是一位长者对祖国历史、祖国文化的不老情怀。

"故国神游，多情应笑我，早生华发。人生如梦，一尊还酹江月。"此情此景，李凤翔先生是否也有东坡居士"赤壁怀古"的心绪呢？我没有追问。但见李凤翔先生凭栏远眺，沉默许久，任江风吹动华发。

回到车上后，我向李凤翔先生提出，晚上回酒店后想对他做个专访，他愉快地答应了。但那天晚上的应酬太多，当我们回到酒店时已经是深夜23点了，我在想，采访能否如期进行呢？没想到，刚进房间，我就接到了李凤翔先生秘书陈闻小姐的电话，说采访如期进行。这让我大感意外的同时也大为感动，作为中国香港商界翘楚，李凤翔先生的确是重诺守信之人。于是，我怀着好奇之心走进了李凤翔先生下榻的房间，也走进了李凤翔先生的内心世界……

这次采访，进行到次日凌晨1点，算是我新闻工作从业18年来唯一的一次跨越零点的采访。而作为新闻工作者，我们注定会成为许多人生命中的过客，既然只是过客，往往就不会让人为之停留或铭记，如若有人不因你是过客而忽略，反而欣赏与停驻，这就不仅是缘分，而是福分了。新春之日，我能收到一面之缘的李凤翔先生的问候，这不是福分又是什么呢？

我回复李凤翔先生："2017年年底因工作安排有冲突，无法应邀赴港出席九龙总商会79周年年会，希望在2018年贵会80华诞之际能有机会拜会先生。"

李凤翔先生回复："林兄，若然今年商会大选小弟得以连任，定当邀请共叙，其间你如来港，请先告知，以便一尽地主之谊。凤翔。"

李凤翔先生系中国香港名门望族，乃商界翘楚，经历过无数人生风浪与商海沉浮。如果没有记错，他今年应该74岁，年龄几乎是我的两倍，按中国传统，他更是我的长辈，但先生却谦逊地称晚辈如我为"林兄"，这实在让我惶恐而感佩。李凤翔先生的待人接物与话语文字中无不体现着温和儒雅的文化修养。

这时，我突然想起了王天为先生——中国香港百货及零售业总会主席。他是一位高大英俊的绅士，那次湖北之行，他义务当起了摄影师，一路背着沉重的设备。到赤壁后，我本来也希望考察团去赵李桥与羊楼洞看看，领略一下湖北青砖茶的厚重历史，但因时间实在太紧，大家只好忍痛割爱。但后来在回住地的路上，我发现王天为先生的

"川"字青砖茶

背囊中又多了两块沉甸甸的赤壁赵李桥"川"字青砖茶。

我就笑道："王先生真识货，这万里茶道上的青砖茶是湖北乃至全中国的骄傲呢！"

王天为先生也笑道："谢谢林先生一路上的介绍，来名茶之乡湖北，青砖茶是一定要买一块带回去的。"

我回答说："可你买了两块啊，够沉的。"

王先生就说："一块我自己留着，一块想送给我们李会长。"

王天为先生对会长李凤翔先生的尊敬之情溢于言表。2018 年是中国香港九龙总商会换届之年，我想，作为会长如此受人拥戴，李凤翔先生焉能不连任？我期待着龙凤呈祥的李先生不仅凤翔九龙，更期待他能率领中国香港商界精英，振翅北上，翱翔荆楚，投资兴业，造福两地——因为，楚人筚路蓝缕，披荆斩棘，凤凰涅槃，浴火重生，造就了一方热土，更孕育了震烁古今的荆楚文明。楚人尚凤，引为图腾，李凤翔先生一定也知道，湖北这块福地才是凤的故乡啊！

2018 年 2 月 22 日

怀念一个好兄弟

扫一扫，听音频

陈剑

我与陈剑已有大半年没有联系了。

最近因为要去恩施，有事相询，下午 17 点，我拨了陈剑的电话，关机；打微信语音电话，没接；发微信留言，没回。这不是陈剑一贯的风格，我印象中的陈剑，任何时候联系他都是秒接秒回的。

我就给他的一位同事发微信："咱们鄂西记者站还是陈剑兄负责吗？"他们二人曾在一个部门工作。

一会儿，同事回微信了："陈剑走了。高血压突发。"

我头皮一麻，心脏一颤："啥时候的事儿啊？"

"年初。"

同事言简意赅，再无其他话语。我也陷入了沉默。半年多没联系，再想起时，已是天人永隔，我心里有种说不出的哀伤——陈剑兄弟，你竟然不声不响地就走了。

一筐柑橘

陈剑与我同台工作，但大家极少见面，偶尔见面也是因为工作。平时，我在台里播音主持节目，他在鄂西记者站工作，我总戏称他是"封疆大吏"，他也总是笑言"兄弟我造业哟"。

回头想想，我最近一次与陈剑相见，是 5 年前的一个深秋，在宜都，著名的柑橘之乡。那年，当地扶贫重点企业"土老憨"与湖北广播电视台合作举办一个盛大的柑橘节，陈剑是活动的主要负责人之一。前往采访报道的媒体众多，我也去了。

抵达宜都的当晚，我正在房间查资料做功课，陈剑来了。他身材敦实，圆脸黝黑，因为总是一脸憨厚的微笑，所以小眼更是眯缝。他手里拎着一筐柑橘，金灿灿的，很是诱人。陈剑略显娇傲地说："这是我们家乡的柑橘，下午特意去摘的，新鲜，超甜，请兄弟尝尝哦。"

我这才得知，原来他就是宜都人。

因为是同事，又因为不常相见，所以我们彼此感觉格外的亲切。那晚，尽管会务繁忙，但陈剑在我房间聊了将近一个小时。我们聊到台里的人事与变迁，我们聊到鄂西的风土与人情，也聊到了宜都的柑橘与产业化。我记得陈剑有些动情，他说："父老乡亲知道我在电视台工作，都希望我多推广家乡的好东西，帮他们致富，这事儿我得好好张罗，报道的事儿就拜托兄弟了。"

采访回来，我一连发了两篇报道。陈剑为此还打来电话致谢，说想吃柑橘随时找他。我说，这都是我们自家人的事儿，兄弟你太见外了。

有需要，尽管说

陈剑也有不见外的时候。

2017 年 4 月的一天，我正在筹办茶文化节目《一杯茶的时光》，陈剑像是未卜先知一般，给我打来电话说："我在张罗宜昌、恩施春茶上市的推广工作，兄弟你得来帮忙，时间紧，来不及商量，我已经把你的名字先报上去了，你必须得来。"

我当然必须得答应。但临了，我又有其他事儿给绊住了，只得另外安排一个兄弟去参与报道，并向他致歉。陈剑爽朗地说，没问题，兄弟安排的兄弟，还有什么可说的！

后来，参与报道的兄弟回来跟我感慨地说，陈剑真是客气，全程相陪，积极配合，随时接受叨扰；吃饭住宿，也招呼得无微不至。我说，陈剑是老记者，他懂宣传的重要，更懂记者的辛劳。

我以为这事儿做完了也就完了，没想到两天后，陈剑又打来电话说，这几天事务繁杂，有点忙，没有及时联系我，希望见一面，聊一聊。我问他有何吩咐。他说，前几天搞活动给我留了一盒茶叶，想让我尝尝鲜。我就说，多谢他的一番美意，我的茶喝不完，很是浪费，请他帮我喝掉算了。

陈剑很是坚持，但那阵子我确实挺忙，最终婉拒了他的好心意。现在想想，非常后悔，我少了一次与陈剑兄见面的机会。记得那次，陈剑还说了一句话，你的《一杯茶的时光》节目需要什么帮助，尽管说，我全力相助。

我就把陈剑拉进了我的茶友微信群。

春天的约定

陈剑是个好群友。

他分享过许多大受群友们欢迎的新闻与资讯——他像模像样地在乡下开三轮车，一身是泥在地里帮农户收花菜，走村串户去采访乡情民意；他还分享过鄂西山区的蓝天白云、高山密林、瓜果蔬菜，也分享过美味开怀的农家饭……他是个两脚粘泥非常接地气的好记者。

有群友曾对我说，很想去陈剑工作的那些地方看看，实地感受那里美好的自然环境。我也把群友们的这些话转告给了陈剑。他听了，又是爽朗一笑。"没问题啊，欢迎大家有空来山里呼吸好空气，"末了，他还说了一句："这大山啊，看上去很美，走进去很累。"

好兄弟陈剑

说这话的时候，我能感觉到他气息粗促，脚步沉重，大概，当时他正艰难地行进在山路上。陈剑出生于山区，求学于都市，工作于媒体，算是鲤鱼跃龙门的那一类人，但他服从安排，又回到了山里，服务于那里的山林土地与父老乡亲。他对乡土是有浓厚感情的。

今年春节，我与陈剑互致问候。他说，高山云雾出好茶，等春暖花开的时候，我们去恩施、宜昌茶区走一走、看一看，采一采、喝一喝那里的鲜醇味美的春茶，为那里的好茶走出深山做点什么。

但后来，他没有联系我，我也忙于自己的工作，我们好像都忘了这个关于春天的约定。

虽然有时我也会想起陈剑，但一想到也许会给他添麻烦，也就罢了——我们就像游走于同一片水域却又相忘于江湖的两条鱼，在各自的航线上游弋着，以时断时续的声纳维持着必要的联系。

一条深潜海底的鱼

当我再次想起陈剑时，他就像一条深潜海底的鱼，音讯全无。

我又一次翻看了陈剑的朋友圈，信息截止于 3 月 24 日 20 点 17 分，此后至今，全是空白。

我不知道陈剑在自己生命的最后关头经历了怎样的磨难与痛楚，我不知道他猝然告别这个世界时的样子，但我总记得他对朋友的热诚、对工作的热爱、对生活的热情，以及他一身的正能量。

我给同事回了一条微信："惊闻噩耗，我内心非常难过。大家都要保重身体。"

下班，关灯，走出广播大楼时，已是华灯初上。此时，太阳已经西沉，暮色正在逼近，虽然已是深秋，虽然已是黄昏，但太阳炙烤过的大地，依然温热；太阳走过的苍穹，彩霞漫天……

陈剑兄，安息吧！

2019 年 10 月 13 日

扫一扫，听音频

陈财宝

平平淡淡的幸福

2018 年 1 月 31 日，是陈财宝最后一天上班。60 岁的他终于退休了。但这一天与往常并无任何不同，他还是朝九晚五，按时上下班。

陈财宝是省卫计委司机，但他还有一个身份，省书法家协会会员，在武汉书法界也颇有些名气。手握方向盘，他就是一个普通的老司机；手握毛笔，他俨然是儒雅沉稳的书法家。

陈财宝自小酷爱书法，曾师从多位著名老书法家，但没有一个收过他的学费。陈财宝不太理解，为什么现在有些人教孩子写字要收那么高的学费。

陈财宝说，写字这个事儿，根本就不必培训，培训也未必就有成效，兴趣是最好的老师，有兴趣才有学习与钻研的动力。兴趣的培养最重要。

最后一天上班，因为没有出车任务，陈财宝就在单位休息室挥毫泼墨。这已经是他多年养成的习惯了，他没别的爱好，他也闲不住。

有同事就趁此求字求春联，陈财宝是个地道的武汉人，爽快得很，有求必应，不仅不索润笔，而且自备纸墨。无争无求的陈财宝在单位人缘儿好得很，大家都舍不得他退休。

但陈财宝还是如期退了休。下午 17 点，陈财宝交了车钥匙，像往常一样下班。他就这样退休了。每个领导的退休都不会热烈，一个普通司机的退休也不会惊动旁人。职场的终点人人平等。

回到家，饭已好。菜式不提也罢，与往日并无不同，但味道适口，香甜如故。陈财宝与爱人一边闲聊一边吃晚饭。饭罢，爱人进了厨房，伺候锅碗瓢盆；他则进了书房，铺纸蘸墨，笔走龙蛇。

马上就要过年了，来求字求对的亲朋好友络绎不绝都排着队呢；又有几家银行约了他去给大客户写春联；还有几个朋友他得写几个字表达一下心意。写着写着，陈财宝就进入了自己的精神王国，直到夜深。

陈财宝墨宝

2 月 1 日早上 6 点，陈财宝醒了。他当然知道自己已经不用再去上班了，但他没法不早醒不早起，一半是因为生物钟，一半是因为真的忙。他的日子就像一部上了发条的钟，每一天都安排了自己的行进轨迹。

陈财宝要等女儿回家过年。女儿很争气，大学毕业后进入上海一家基金公司工作，事业发展得不错，唯一让陈财宝忧心的是，女儿32岁了还未成家。这怎么行？他在寻思着过年时为姑娘做点什么。

陈财宝要去给银行写对联。招商银行武汉分行已经预约了的，他要连写3天，给银行的储户、大客户送上春联。因为求字者甚众，上周末他一天就被围着写了100多幅，膀子至今都在酸痛，不过他并不感到累。

陈财宝还预约了《一杯茶的时光》，他要给栏目组送几幅对联。以前，陈财宝很爱喝绿茶，这几年因为患肾结石，医生不让他喝茶，但他非常喜欢《一杯茶的时光》这个节目，他想见见那个说茶的主播林木。

于是，陈财宝平生第一次走进了湖北广播电视台，尽管他开小货车、大货车、出租车、公务车共计20多年，天天听广播对许多主播都极为熟悉，但电台对他而言还是倍感神秘。

陈财宝第一次进入了电台的录制间，一想到会有许多同行，尤其是他开出租的六弟与侄儿陈根都能在车里听到自己的声音，陈财宝就有些兴奋。当我说他的身体完全可以喝青砖、普洱等深度发酵黑茶时，陈财宝竟然高兴得叫起来："原来我还可以喝茶啊！"

黑茶

我从陈财宝的话语中感受到了一种令人恬静的平淡与知足。在这座城市里，每个人的日子都是这么平淡地过，但每个平淡的日子都值得纪念与珍惜。年已六旬的陈财宝经历过三年自然灾害，经历过上山下乡，经历过失业下岗，也经历过如今的山河繁荣，他当然懂得什么叫知足。

2018 年 2 月 1 日，作为公务车司机的陈财宝开始了他退休后的新生活，尽管依然平淡如故，但作为书法爱好者的陈财宝没有感到丝毫的失落，面对话筒时他谈笑风生，走出电台时他步履从容，谁都能看出，他的日子过得很充实。

曾有老歌《再回首》唱："平平淡淡从从容容是最真……"的确，这是一种最普遍最真实的幸福呢！

2018 年 2 月 4 日

扫一扫，听音频

地姐

人生六十爱上 T

地姐也没有想到，自己在 60 岁以后，还会爱上另外一个 T。

地姐爱上的第一个 T，是天哥，东北汉子，长得高大威猛，但性格温和墩儒，是一位很受尊敬的建筑工程设计方面的专家。他们琴瑟和鸣，率性纯真，初次相见，就与我分享了一件糗事儿。

话说某天早上，地姐送天哥出门，登上了前往赤壁的高铁，去出席一个建筑招标项目的专家评审会。天哥一上车就埋头读书，结果太入迷忘了时间，也忽略了报站广播，等到组委会心急火燎地打来电话时，他这才惊觉车已驶过赤壁、岳阳，快到长沙了。

天哥不禁大惊失色。那边评审会议已开始，这边他这个唱主角的首席专家却神游天外过门而不入。眼看是无法与会了，天哥一边自降身份跟对方低声下气地道歉请求另换专家，一边寻找乘务人员补足超站差价请求下一站原路返回。想想天哥当时的情形也确实够恓惶的。

就这样，天哥那天进行了一个别样的高铁一日游，让盼归的地姐哭笑不得。以后每每说起这事儿，地姐就哂笑不已。但天哥大肚能容，尴尬归来仍

户外玩家地姐

少年，哈哈一笑，并不气恼。荣休后，时间充裕了，一有空，天哥就拉着地姐，邀朋约友，天南地北、国内国外地旅行，玩得不亦乐乎。

地姐对我说，有这样一位淳厚朴实的先生红尘做伴，生活不快乐都不行。

但地姐的快乐还不仅于此。她是个户外玩家，因为先生人称"天哥"，她就被驴友们称作"地姐"。地姐欣然接受了这个诨名，并以此自称。除了户外旅行，她还玩摄影、玩舞蹈、玩古装，特别是3年前的一个午后，在南湖边的一个茶馆邂逅了另一个T后，她的生活从此变得更加有滋味、有情调。

那天下午，驴友圈里的一位朋友约地姐去喝茶。地姐从不喝茶，但盛情难却，只好前往。茶馆里灯火阑珊，架上摆放着不少砖头一样包装古朴的粗重物件，几个人围着一个厚重的红木茶台，一边轻言细语，一边欣赏着茶艺师从一块黝黑的砖上费劲地撬下一块放进铁壶里。一切都透着一股庄重的仪式感。

不一会儿，茶水就倒出来了，竟然是魅惑的棕黄色液体。看着杯中这陌生着的饮料，地姐心想，不就是一口茶水嘛，有至于这么隆重吗？喝白开水不是更省事？但看着大家细细地品，慢慢地回味，好像都喝得挺开心似的，就忍不住也端起了杯子……她一连喝了好几杯！

青砖茶

从端起杯子的那一刻起，地姐一不小心就爱上了第二个 T——这个 T，是 TEA，准确地说，是茶，是湖北青砖茶。其实，除了汤色好看一点，除了口感醇和一些，平生第一次品饮青砖茶的地姐当时倒并没有觉得这茶的滋味有什么特别之处，让她放不下杯子的原因是喝下这杯茶之后的感受。

地姐胃寒，消化功能不太好，那天在茶馆喝了几杯青砖茶之后，渐渐就感觉肠胃暖暖的，有一股气息在肠胃中游走，很舒适，很通泰，用她自己的话说，就是渐渐有了"不文明"的反应。她这才确信，青砖茶真的具有极好的消食去脂、调理肠胃的功效。从那以后，地姐就放不下青砖茶了。后来，她还发现，自从喝上了茶，以前那些不敢碰的海鲜之类的美食渐渐地也都能美美地享用了。

领略了茶的好，就再也忘不了。有时连外出旅行，地姐也都带着她的青砖茶。前年，他们到澳大利亚女儿家小住，天哥水土不服，肠胃不适，地姐如法炮制熬煮青砖茶，居然立竿见影很快见效，这让久居异国他乡的女儿大感惊奇，立刻也爱上了这口来自家乡的味道。

天哥来自东北，地姐来自江苏。地姐与天哥，可谓背井离乡，相聚于武汉，落户于江城。数十年的相濡以沫，使他们彼此基因相融，地姐身上不仅有着江南女子的婉约，也有着北方汉子的爽朗。

天哥地姐，人如其名，天南地北，比翼双飞。3年以来，地姐就这么快乐地喝着茶、跳着舞，与天哥过着潇洒惬意、幸福快乐的退休生活，现在还爱上了青砖茶收藏。有朋友见地姐皮肤、容颜、身材都保养得非常好，禁不住就问：有何秘诀啊？地姐往往莞尔一笑，因为我喝茶啊！

地姐在茶会现场

的确，地姐如今虽是花甲之年，一头银发，但不仅一点不显老，反而焕发出她这个年龄段所特有的风韵与雍容，让人不禁遥想一个江南女子妙龄时的青春芳华。地姐说，生命的长度是有限的，但宽度是无限的，她相信，通过喝茶，既可延长生命的长度，也能拓展生命的宽度。这是她从品茶中得到的体会！

记得那天我们初见，是在"外交部湖北全球推荐会产品"青砖茶与米砖茶的品鉴会上，天哥端坐一旁，看着茶席对面的地姐谈笑风生，他不时地点头，间或补上一句；他始终微笑，沉稳如砖，温润如茶……

2018 年 10 月 15 日

扫一扫，听音频

于华

什么是危险期

　　君子之交，淡如水，甘如茶。我与于华老师的交往大概就是如此。

　　于华老师是公务员，曾任职省委接待办，刚刚退休，她身上有许多值得我学习的地方，我对她以老师相称，为的是表达我的尊敬之情。

好书赠益友

　　我与于华老师的第一次相见，是 2018 年 6 月 12 日下午，在"歌棉古树茶庄"。

　　那天是《一杯茶的时光》开播一周年雅集，有品茶、赏器、鉴画、书法、吟诵等内容，许多茶友赶来捧场，有早已熟识应邀出席的，也有素不相识不请自来的。于华老师属于后者，她是一位身材保持得很好、长发飘飘的美丽女子。

　　茶庄庄主吴东云先生非常热情，不仅给茶友们提供了周到的接待与丰厚的礼品，还赠了我几套书，都是关于茶文化方面的。我见旁边的于华老师目光热切，感觉她应该也是爱书之人，就顺手转赠了她两本——《茶叶江山》

和《茶叶战争》。于华老师如获至宝，双手接过，连声道谢。

活动结束后，我在门口送别茶友们。于华老师对我说，她以前只喝咖啡，不喝茶也不了解茶，但从今天开始喜欢上茶了；她很喜欢今天的雅集，希望以后还有机会一起参加活动。

我诚挚地感谢她的到来，并欢迎她有空来约茶。离别时，于华老师怀里还抱着那两本书。

《洗尽古今人不倦》

2 个月后，吴东云先生又邀我去"歌棉古树茶庄"品茶，我就在朋友圈征集了十位茶友一同前往。于华老师也来了。我们一边品茶，一边聊天，让我吃惊的是，于华老师侃侃而谈，间或引经据典，听得出她对茶知识、茶文化做了许多的功课，真是"士别三日当刮目相待"。

于华在茶会现场

我就对于华老师说："可否把您对茶的了解与理解用文字写下来与茶友们分享？"

于华老师一口答应，并问："要求写多少字？"

我说："多写点吧，2500 字如何？"

她爽朗地回答："没问题！"

没过多久，我就接到了于华老师的电话。她说："已经写了 2500 字，但感觉言犹未尽，可否再写 2500 字？"

我很高兴地说："当然没问题。"

于是，没过多少天，于华老师果然就在微信上发给了我一篇长文《洗尽古今人不倦》。这篇文章，布局非常宏大，畅谈古今中外茶文化，洋洋洒洒 5000余言，看得出是读了许多茶学专著，喝了许多茶，下了许多功夫才写成的。

我一口气读完后，感觉还不过瘾，又读了一遍，读完，感觉满口茶香。

闲读书

于是，我想约于华老师，想请她到《一杯茶的时光》来录制一期节目。我想把她的文章与茶友们分享，还想让她把自己写作茶文的心路历程讲给茶友们听；当然，我也想学习她是如何读书的。

我也爱读书，不过用心不专，读得很浅。我平素不喝酒、不抽烟、不打牌、不泡吧，在家属闲人（嫌人）一个。夫人忙家务带孩子时，我往往在找书、翻书或者写字，看上去很忙。夫人老抱怨，说我盯着书本的时间比看她的时间多得多。

此话不实，我其实没那么多时间读书。于是，我就说了一句掏心窝子的大实话，她听了开心得很，也就放我一马，暂时结束了她的抱怨。

我说的那句话是："没办法，人丑就要多读书。"

客观地说，长得美的人往往很少读书，因为她自己就是一本装帧精美的书，因为她要面对太多诱惑与干扰，因为她总在被人捧被人读，自己又哪能得闲读书，修炼自己的内心世界？

但是，于华老师是个例外。她不仅长得美，还爱读书；她不仅爱读书，而且会读书；她不仅会读书，还会朗诵、唱歌、跳舞。

一次茶会上，她主动为大家朗诵自己写的诗，博得满堂彩；后来我们去吃饭，她又主动唱了一首《前门情思大碗茶》，歌声嘹亮，唱腔优美，我都录下来存着，直到手机报废。于华老师坦言，为了这次茶会，她足足准备了一周。我想，如果场地够大，于华老师大概还会舞一曲吧。

于华老师的性格中，不仅有茶的沉静与内敛，也有咖啡的热烈与奔放；不仅有茶的雅致，也有咖啡的幽默。

会聊天的女人

2018 年 10 月 18 日下午 14 点，于华老师如约来到了电台。

我们聊了一个多小时，从《茶经》到《茶之书》，从陆羽、皎然到荣西、最橙，再从到凯瑟琳公主、安娜伯爵夫人到红茶到咖啡……我们聊得非常开心非常热烈，隔着两层玻璃，从录制间外走过的同事们都能听到我们的交流。

于华老师是个很好的采访对象，几乎没有"嗯、啊、是、对"这样让人尴尬冷场的短语。她能把你的问话很快接过去掰开了揉碎了来讲，让采访者真正变成乐享其成的倾听者。

这次节目录制一气呵成，让我印象深刻。于华老师讲话干净利落，我问话慢条斯理。于老师的话坦诚，不装不藏，快人快语；我的话不紧不慢，开始时从主动变为被动，结束时又从被动变为主动。

事后，我回放了一下我们的聊天记录，我们快慢结合，相得益彰，配合得很好，节目素材听上去都行云流水，我非常满意。无论节目内外，我都喜欢轻松坦诚的交谈，不售卖价值观，但价值就在其中。这一次，我感觉做到了，这得感谢于华老师。

日本作家佐佐木圭一说："所谓情商高，就是会说话。"这话我表示赞同，会说话的确是一种了不起的能力，而会读书、会表达就更不是一般的能力，值得我效法与学习。

结束访问，送于华老师下楼出门后，我也要去湖北剧院赶赴另外一个约，中国香港 TVB 著名艺人米雪姐姐带着她主演的话剧《晚安，妈妈》来武汉了，我与她早已有约。

腹有诗书气自华

在化妆间见到米雪时，她口中念念有词，大概在默念与回味剧本台词。

米雪说，平时如没有演出，她最惬意最享受的还是一茶一书的宁静时光。这让大为感佩。

林木（左）、米雪（右）

63 岁的米雪，生活在快节奏、高负荷、新人辈出的香港演艺圈，但她却红了 50 多年，驻颜有术，冻龄不老，秋水明眸，灿若星辰，美艳依旧，气质天成。

我想，这应该与米雪对艺术的追求有关，也与她的读书习惯有关，而米雪姐姐与于华老师又是何其相似。

采访结束，主办单位香港特区政府驻汉办赠了我两张当晚的演出门票。我想，于华老师一定也会喜欢话剧吧，于是给她打了一个电话。她果然非常高兴，很快就赶了过来。

看完话剧出来，已是深夜 23 点，我们上了一辆的士。于华老师住东湖宾馆附近，我就让司机先送她。经过洪山礼堂门前时，刚好是东湖路的三岔口，红灯亮了。于华老师说："不用绕道送我了，我在这里下车吧，走几分钟就到了。"

我坚持要把她送到家。我说："你一个人走夜路不安全。"

于老师朗朗一笑，说："我已经过了危险期。"

我听了，也跟着笑了起来，不再坚持。司机也笑了，说："这个姐姐讲话真有意思。"

听完这话，于华老师下了车，我的眼睛也跟着飞出了车窗外。

外面路灯微弱，灯火阑珊，于华老师漫步上了双湖桥。夜风中，她卡其色的风衣衣角飞扬，别有一番成熟知性女性独有的美丽。

苏东坡有诗云："粗缯大布裹生涯，腹有诗书气自华。"我想，只要生活有追求，再无情的岁月也抹不去一个女人靓丽的青春韶华，而对于一个喜欢茶喜爱读书的女人来说，则气质更为出众，无论在什么年龄，都应该是处于"危险期"的。

愿于华老师茶书相伴，永葆"危险期"！

2019 年 7 月 18 日

扫一扫，听音频

叶盛

用镜头照亮你的美

　　叶盛是位专业人像摄影师，墨镜架在后颈上，光头锃亮。见到他时，我心中暗笑：这才真叫照亮你的美呢！不过，大多数时候，他都会戴上一顶尽显艺术家气质的帽子。

　　能采访叶盛，我得感谢《一杯茶的时光》节目的铁粉徐素蓉老师。有一天，徐老师在朋友圈中分享了一篇推文，一大群狂热的摄影爱好者围着一位摄影师在玩街拍，我从照片里看到了激情与律动的节拍。

　　我问徐老师："这群可爱的人都是谁啊！"

　　徐老师就说："这是摄影师叶盛带领他的学员在街头玩摄影。叶盛是一位非常优秀敬业的摄影师，如你想认识，我给你介绍。"

　　我欣喜地说："好啊好啊！"

　　徐老师长期从事艺术教育与培训，认识的朋友极多，鉴赏水平也极高，她的推荐与介绍当然不会错。就这样，在徐老师的带领下，我在汉口胜利街摄影器材城的王福成摄影艺术培训学校见到了叶盛。

　　果然，就如在照片中我所感觉到的一样，叶盛是个很好的采访对象，极富激情，思维跳跃，表达欲强。我们相对而坐，随性而谈。

我们当然也聊到了茶。叶盛也是一位茶友。不过让我印象深刻的是，聊着聊着，他就会聊到摄影。叶盛之所以常常"跳戏"，是因为他觉得，摄影与品茶实在是一对无法分离的黄金搭档。

叶盛说，品茶能激发摄影的激情，摄影能传递品茶的美感。叶盛还说，据他观察，品茶的时候，每一个茶友都有摄影的欲望；摄影的时候，每一个摄友都有品茶的渴望。

我也欣赏过叶盛的一些摄影作品，确实，他对光与影的理解、对动与静的处理，都给予了我摄影艺术的享受。

叶盛在业内颇有知名度，除了担任摄影学校校长，他还是"中国人像摄影学会会员""武汉摄影家协会会员"，头顶"湖北省人像摄影大师""国家级高级技师"等光环，身边常汇聚着一大批摄影爱好者，大家也常一起去茶馆品茶，交流创作心得。

叶盛回忆道，20 年前，摄影还是一个比较神秘且有些高大上的职业，但如今，随着技术的革新与生活品质的提升，尤其是智能拍照手机的普及，摄影已成为人们共有的社交文化与休闲娱乐方式，它就像茶一样，成了人们生活中不可缺少的一部分。

从业 27 年，叶盛既是摄影家，也是生活家，他说："品质生活，离不开摄影与品茶。现在应该是提倡全民饮茶、传播中国茶文化最好的时候，摄影可以助力茶文化的更快传播，因为在新时代，大众深层次的文化需求已经被激发出来了。"

品茶与摄影一样，都有一个由入门到逐渐精进的过程。对此，叶盛的观点是："工欲善其事必先利其器。品茶得先熟悉茶性与茶器，摄影得先熟悉器材与拍摄对象，当设备与技术都烂熟于心之后，就能获得快乐的艺术体验了。"

但，茶有品，摄有境，能否品出茶中的美妙，能否拍出高质量的照片，那就取决于个人思想与境界的高低了。

　　其实，早在《一杯茶的时光》节目策划之初，我就有一个想法，要把摄影做成一个主题单元，让更多的茶友与摄友在品茶的同时，把茶叶、茶人、茶楼（茶馆）、茶具、茶客等作为拍摄与分享的主题，以进一步丰富广播节目的传播信息。叶盛对我的想法极为赞同，对我的邀约，他表示非常愿意接受。

　　叶盛还对茶文化摄影主题浮想联翩，他希望在带领大家走进茶楼（茶馆）的同时，还能带领大家走进大自然，用手机与相机，领略与捕捉茶旅中的每一个精彩瞬间。而叶盛的这些设想，其实早已在他自己的镜头中成为美丽的现实。

　　下面，我们就来欣赏几帧叶盛的作品吧：一片落叶在砂砾中的凄清之美，一个倩影在晨辉中嫣然一笑的清纯之美，那荷塘中缕缕雾气的氤氲之美，那老树枯丫傲指苍穹的顽强之美……叶盛镜头之所及，每一次随手按下的快门，都让我感受到了他内心世界的无比丰富与无尽创意。

叶盛摄影作品

叶盛介绍说，他是一位人像摄影师。我连连点头，心想，以人为本的摄影师镜头之下皆为风景啊！

就在我们漫聊期间，陆续进来了十几位资深"帅男靓女"，他们或挎"长枪短炮"，或持普通手机，大家意兴盎然地摆弄着、交流着、围观着。

叶盛说，这些都是他的学员，他也不记得这是第多少拨了。说这话时，叶盛的幸福感与满足感溢于言表。

我想，也许是茶，濡养了他的心性；也许是心性，影响了他的镜头——而他的镜头，既照亮了别人的美，也照亮了自己的生活！

2017 年 12 月 13 日

扫一扫，听音频

徐永刚

坚
持
的
力
量

一上台，就是热情洋溢的武汉人；一开口，就是韵味十足的天津腔。在武汉，现在有越来越多的人开始熟悉并喜欢一个相声演员——徐永刚，一个在江城说了十年相声的天津武汉人。

好奇心让我们相遇

我第一次远远地见到徐永刚，是 2017 年 11 月 4 日在武汉剧院举行的"天乐社十周年相声大会"上。那是我第一次在武汉自己掏钱买票进剧场看相声。大概，与我一样的观众也有不少吧。

当晚的第一个节目是群口相声，就见班主徐永刚——一个白布大褂身材瘦削并不惹眼的中年汉子，引着俩徒弟先后登台亮相了。师傅装糊涂，徒弟呢，一个装傻一个扮楞，一开场就将现场气氛推向了高潮。

坐在我前排的一位老先生，一开场就乐，不多久就笑得岔了气，憋得嘎嘎直响，慌得一旁的老伴儿一边埋怨一边笑骂，又是捶背又是抚胸，更引得旁人前仰后合，乐不可支，兴奋得直跺脚。

徐永刚相声表演

徐永刚的捧哏非常精彩，就连我这个外行都看出了一点门道，他语调平和，张弛有度，衔接引导丝丝入扣，把两个徒弟的表演才能与观众的观赏情绪调动得恰到好处，成为整场演出的最大亮点之一。

当晚，除了天乐社的表演团队，还来了许多相声界重量级的表演嘉宾：陆鸣、徐勇、大兵、赵卫国、苗阜、陈寒柏等。这些南北笑星都是来为徐永刚站台与道贺的，他们的表演也让现场的掌声一浪高过一浪。

徐永刚和他的徒弟

我来看这场演出，是被一句话所吸引："武汉唯一的民间相声表演团体。"我当时就想，这究竟是一个怎样的相声班底呢？为什么在武汉十年了我竟然还不知道呢？我得去看看。

在演出中，我也注意到，主持人、著名相声演员刘际先生多次说："天乐社、徐永刚不容易，在武汉的相声阵地上坚守了10年。"这句话，更让我浮想联翩……我决定要去采访徐永刚先生。

下一站传奇

我第一次近距离见到徐永刚，是 11 月 23 日晚上在武昌积玉桥武汉工人文化宫天乐社相声茶馆。这也是我第一次在武汉走进相声茶馆。武汉的相声茶馆实在太少了，天乐社成了唯一的宝贝。

我如约来到茶馆时，徐永刚已经在大厅里候着了，他正和两个徒弟一起整理座椅，期间也开始有观众陆陆续续进来。我开门见山地说明了来意。徐永刚也不客套，一边说着欢迎，一边爽朗地搬起了一把椅子，领着我进了后台的化妆间。

文艺兵出身的徐永刚，一直在部队说着相声；复员到地方后，也一直干着老本行。那时，德云社开始崭露头角，而武汉的民间相声演出团体却还属空白。徐永刚于是想到武汉来拓荒。2007 年，他与朋友在武汉成立了天乐社。但曲艺老码头武汉的水很深，来自北方的相声在这里多少有些水土不服，军人出身的徐永刚从此就开始了一场旷日持久的坚守战。

这十年间，从解放公园到司门口，再从长春观到文化宫及汤湖剧院，徐永刚和他的天乐社不断迁徙赶场，可谓马不停蹄却居无定所。但令徐永刚感动的是，无论天乐社搬到哪里，都总有一些老观众不离不弃，赶来捧场，花 50 块钱，听 4 个节目，乐呵一个晚上。徐永刚说，观众的支持是他坚守的力量之源。

天乐社成立之时，正是徐永刚师弟郭德纲声名鹊起、红遍大江南北的时候。如今 10 年过去了，郭德纲早已功成名就；而天乐社最初的 3 个合伙人如今却仅剩徐永刚一人，他带着近 20 个徒弟在默默坚守，直到最近一两年才算是在武汉渐渐树立起了名号。

2017 年是徐永刚定居武汉的 15 年，也是天乐社成立 10 周年，全国曲艺界的朋友纷纷向他道贺，也有朋友对他大发感慨："兄弟，这十年你可算是熬过来了!"但徐永刚却说:"我得纠正您一个字儿,这不是熬,这十年我没有熬,不喜欢相声才叫熬;喜欢相声,多苦都不觉得累!"朋友听了,立刻向他竖起了大拇指!

在民间演出场所,为了讨好观众,演员降身段儿、说荤话儿的情况屡有发生。我笑问徐永刚,你们的相声呢?一直笑容满面的徐永刚这会儿却有些严肃地说:"我们把观众当亲人招待,我常跟孩子们(徒弟)讲,下面坐着的都是我们的姐妹兄弟,你就好意思说那些个荤话吗?"

晚上20点,演出正式开始了,茶馆里的一百来个座位只坐了三分之一的观众。第一个节目,依然是徐永刚捧徒弟。那徒弟往台下一瞧,嘴一歪,乐了,张口就说:"今儿来的朋友可真不少,算上空座儿,都坐满了。"台下马上就爆发出一片欢乐的笑声。我想:身处窘地也能用自嘲来引人发笑,这大概就是相声与喜剧人强大的生命力之所在吧。

一个节目演罢,观众热烈鼓掌,徐永刚鞠躬下台。我在台口迎着他,问道:"平时观众也这么少吗?"

徐永刚笑答:"周四的观众要少一些,大家都忙工作,没空来,不过周五周六周日都能坐满。我们的规矩是,哪怕只有一个观众,演出也照常进行。"

后台昏暗的灯光下,身着唐装的54岁的徐永刚神采奕奕,虽然他已两鬓斑白,但身板依然挺直,那一头短发也更为精神,根根直立,颇见风骨。我由衷地说:徐老师,您今天的坚持,必将造就明天的传奇。

我希望第三次……第N次见到徐永刚!

2017年11月29日

扫一扫，听音频

酒桌到茶席

　　李涛是我最近才认识的一位新朋友，与他聊天，你能感觉到岁月的流动与生活的律动。

　　李涛今年 52 岁，这是一个男人一生中最成熟、最稳健的年纪。他事业有成、阅历丰富、才思敏捷、极富活力，是个超级茶友。不过，李涛告诉我，他小时候其实是不喜欢喝茶的，在他的印象中，茶，除了苦涩，还很麻烦。

　　那时候的李涛觉得，水才是世间最好的饮料。但随着年岁的增长和阅历的增加，李涛渐渐对茶有了不一样的认识。

　　进入职场以后，青年李涛依然不喝茶，他很忙，总有做不完的工作，没有这个闲工夫喝茶。不过，在 30 岁的时候，李涛发觉，周围喝茶的朋友多了起来，于是他也开始注意起茶来。但那时的他仍然认为，茶有点高不可攀，有点读不懂，那感觉，就像情窦初开的少年邂逅了一个不知名的漂亮姑娘。

　　等到事业渐渐有成，李涛也进入了不惑之年。40 岁的时候，李涛深深地爱上了茶。他说，他也没有想到，自己会对茶爱得这样深沉。他说，爱上茶，是因为生活对他的改变。他还说，喝茶令他轻松，令他的工作不那么累。

我说，你发现没有，你对茶的认识与理解的过程，其实就是你自己的成长历程。李涛连连掉点头，说，是的是的，不同的年龄阶段，对人生的理解大有不同，他从职场的酒桌很自然地就过渡到了茶席，不是他改变了生活，而是生活改变了他。

李涛说，因为工作应酬的原因，30岁以前，不管情愿不情愿，他都得常常喝酒。虽然偶尔也会喝喝茶，但多半也是处于应酬，他对此并没有多少感觉。40岁以后，他终于感悟到了茶与酒之间的区别与妙用：酒热烈，让人兴奋失控；茶清淡，令人冷静平和。

我说，要想事业有成，必得朋友与贵人相助，朋友相聚，有几个不喝酒的？听说不喝酒的人连朋友都没有呢！李涛听了就笑了起来，他说自己不否认酒桌上有知己有真情，既能凝集老朋友，也能结交新朋友，毕竟李白就有"酒逢知己千杯少"之叹；但也必须承认，古人对酒文化的夸张与渲染，与现实生活还是有较大的差距的。

我对李涛的话表示认同。

我也发现，在我自己身边，有些朋友跟李涛一样，这些年也在悄然改变，以往常常相约喝酒吃饭，如今往往一起喝茶聊天。这个改变是如何促成的呢？我粗略地总结了一下，主要是三个方面：1.喝了酒不能开车不利于出行；2.酒喝多了伤身不利于健康；3.喝了酒回家不利于和谐。对此，李涛表示赞同。

李涛是个生意人，他是大自然床垫湖北地区的总代理，生意做得很不错。但他现在并不像以前那么忙碌了。他也发现，他身边的朋友，生意做得好做得大的，反而也越来越从容。他觉得，这个改变与喝茶有关。他还发现，在茶桌上沟通工作，效率往往也会更高。如今，他的公司会议桌已经变成了茶桌，喝茶也已经成为公司的企业文化之一。

李涛说，如果从茶的大类来分，他目前比较偏爱绿茶、普洱。但他也说，茶有千种，各有其品，茶无贵贱，人更如此，他不拒绝品任何茶，也不拒绝

绿茶干茶　　　　　　　　　　　绿茶茶汤

结交新朋友，每个人都有自己可贵的一面或者多面，就看你是否懂得欣赏。这话我信，我与他初次见面，就像老友重逢如沐春风，他很会聊天很会接纳人。这确实是他身上的与众不同之处。

从拒茶到认茶，再到品茶、悟茶，李涛走过了一段绵长而随缘的岁月，如今的他，已经开始自己动手采茶、制茶了。他曾赠过我一个伴手礼，那是他自己做的一款茶，名曰：境界。在一个装帧雅致朴素的小礼盒里，躺着两饼普洱生茶，淡雅的茶香，沁人心脾，一如李涛的言谈。

他说，明年春天，我们一起去云南采茶吧。我期待着。

2017 年 7 月 17 日

扫一扫，听音频

阿申

当阿木遇见阿申

在《一杯茶的时光》节目策划之初，我就很想采访阿申。为什么想采访阿申呢？因为我听说他是个茶痴。

当然，阿申在我们电台主播圈可谓鼎鼎大名，在湖北音乐界也是大名鼎鼎，是武汉室内乐团首席小提琴手、武汉节庆广播交响乐团（WFRSO）音乐总监兼常任指挥、湖北广播电视台高级编辑、著名主持人等。

有同事开玩笑说，采访阿申？好啊！你可以收割他成片的粉丝！当然这是玩笑话。阿申的粉丝我是万万没有能力收割的，因为他太强大了！——强大到什么程度呢？

27 年来，他一直钉在一个著名的频道：FM105.8 楚天音乐广播；27 年来，他一直主持一个著名的节目：深夜纯音乐欣赏节目《阿申爱乐》（现在节目移到经典音乐广播了）；27 年来，他一直过着单调寂寞的生活：习惯了默默奉献、形影相吊、黑白颠倒、不见天日；27 年来，他一直很有名又憋屈地低调：白天要补觉，晚上要工作，哪有时间高调出镜啊！

当然，最后这两句话，是我对阿申的调侃。

我对阿申是非常尊敬的。每每在台里在路上遇到他，我都会尊敬地叫他阿申老师，就像学生见到老师一样。没错，阿申的确与我的一段学生记忆有关。

我是阿申收割了20多年的粉丝。年少时，我们这些精力旺盛的男生深夜都会失眠（你懂的），于是就听广播，有的戴耳机听情感倾诉节目，有的躲在被窝里听两性健康节目，有的靠在廊灯下欣赏文学节目。

阿申奏乐

我喜欢听阿申主持的《阿申爱乐》。

那时，我在做校园广播编辑兼播音员，晚上大部分时间都住广播室。我喜欢一边听《阿申爱乐》，一边看书或写作（据说这样有机会当作家）。我发现，在深夜，别的节目，主持人都是话痨，有点装精，而阿申话不多，平和、真实、自然。虽然我至今都没有学过音乐，不敢自称懂音乐，但他和他的《阿申爱乐》节目确实能让我静心读书、学习。

受声音的魅惑混进广播机构之后，我终于有幸能与阿申成为同事。但因为分工不同，又不在同一个频道，我们少有交集，彼此纯属君子之交，淡如水，遑论茶。但我知道，阿申爱茶。

记得第一次见阿申，是2000年的一个夏天，在他的办公室。那天，我去找朋友刘江，就见一个身材高大的汉子，戴了一副黑框眼镜，顶着一头卷发，身穿T恤、短裤、凉鞋，很休闲的模样，正靠在窗边，端着一只紫砂壶，在悠悠地啜，慢慢地品。

听了刘江的介绍，我这才知道，原来我心目中的大神阿申就是他。阿申大概不会记得我这个小粉丝当时是怎样一副崇敬得近乎谄媚的样子吧。总之，他只是很应景而客气地回应了一下我，就又全神贯注地去品味他那把宝贝紫砂壶里的茶了。

阿申和他的紫砂壶

　　这一幕，我至今历历在目。那时我就知道了，阿申不仅爱乐，而且爱茶。

　　佛曰："一切因果皆是缘。"我不信佛，但信缘。终于，《一杯茶的时光》节目开播上线了。我时时想起第一次见阿申老师的情形，想起他手中的那只紫砂壶。我想，他就应该是我采访的对象——从他品茶的模样看，他就是一位资深的茶友啊！

　　于是，在与阿申成为同事的 18 年后，我们之间终于有机会有了一次真正的交谈。我这才知道，如果不喝茶，他是没法活的；我这才知道，他的早晨从下午开始，他的一天从一杯茶开始。我原以为，阿申是安静的，但他竟然是激情澎湃的；我原以为，阿申是寡言的，但他竟然是滔滔不绝的。

　　采访阿申，真是太开心太省心了，我大多数时间都不用提问，只需倾听，一如当年聆听他主持的《阿申爱乐》……

2017 年 6 月 21 日

扫一扫，听音频

一个有茶的江湖

　　茶为国饮。自古以来，茶文化就参与到了人们生活的方方面面，柴米油盐酱醋茶，成为日常之所需；它还渗透到了我们祖祖辈辈的文化血液之中，所以才有了"棋琴书画诗酒茶"这样的阳春白雪。

　　有一次，在东湖，我碰到了一位书画家。很抱歉，我不能说他的名字，因为我答应过不透露他的更多信息。我跟朋友一起去参观他的画室。他醉心于艺术，一般不接受采访，也不接待陌生访客，对我算是个例外，因为他听说我在推广茶文化。

　　当时，这位先生正在画架前专心画画。他听了朋友对我的介绍后，就很难得地抬头看了我一眼，点了一下头，算是客气。打过招呼，他一边上下端详，一边随手就从旁边的案几上端起一杯茶，深吸一口气，提起画笔，正要落墨，却又停了下来，斩钉截铁地跟我说了一句话："茶文化一定要好好推广，它是构成中华儿女血肉之躯与文化基因的重要部分！"

　　那一刻，我感受到了一种古老文化的力量！

　　那天，我在参观画家的画室时，居然发现墙角的书柜上有一套线装版的

《金庸作品集》，居然是 20 世纪 70 年代出版的繁体字版本，显然是中国港台地区出版的，不多见。

中国文坛素来就将武侠传奇类作品列入通俗文学之列，一般不入大雅之堂，一个画家也爱读武侠小说，我就忍不住好奇地问："您也爱读金庸吗?"

这位可爱的先生居然反问了我一句："你不爱读金庸吗?"

是啊，谁不读金庸呢?《射雕英雄传》《神雕侠侣》《倚天屠龙记》《天龙八部》《笑傲江湖》……这些脍炙人口的武侠小说，编织出了一个宏大无边的江湖世界，影响了一代又一代的读者，其读者规模与流行程度，堪称世界之最，被誉为"凡是有华人的地方就有金庸的读者"。

因此，金庸是伟大的。

但是，就在 2018 年 10 月 30 日下午，这位 94 岁的伟大的江湖大侠，就像他的作品《天龙八部》中少林寺里那位功夫出神入化的扫地僧一样，随意挥洒，惊艳天下，然后，飘然而逝，永诀人寰，永远地消失在茫茫江湖中。

从此以后，人间不见金大侠，但大侠的江湖传说将永远流传。那段时间，关于金庸先生的各种江湖传说，占据了各大传统媒体的重要版面，更刷爆了我们的微信朋友圈。其中，有一句金庸先生的亲笔题词，更是受到了许多朋友的转发传播：

水温雅，人温雅，古今幽情一杯茶。

金庸是文化大家，也是茶文化爱好者。关于这一点，在他的武侠小说中我们就能看到许多生动的描写。

在金庸的小说里，有着很多对美食与养生的描写，比如《射雕英雄传》中黄蓉的高超厨艺与洪七公的美食点评，可见金庸对于养生之道也颇有研究。另外，金庸也曾透露，他一生都保持着喝茶养生的好习惯，而且喜爱喝鲜嫩

金庸

的绿茶。但凡亲朋好友来访，他定会用家乡的上好龙井茶，予以热情款待。

金庸是浙江海宁人，原名查良镛，20世纪40年代以报人身份移居中国香港，但自小培养的对家乡的那口茶的热爱却一直跟随着他———一日不曾忘，每日必饮之。

而坊间每每谈及金庸的茶缘，总会提到"金庸茶馆"。金庸茶馆，是全国唯一得到金庸先生亲自授权的由"金庸书友会"开办的一家茶馆，一座古朴雅致的白墙青瓦的二层小楼，坐落在林木掩映的杭州西湖边。这座金庸茶馆，也承载着作为文人墨客的金庸先生的家国情怀。

2003年，一批读者在杭州发起组织"金庸书友会"，并在西湖畔创办金庸茶馆，出版了《金庸茶馆》杂志。金庸得知此事后，还热情洋溢地为杂志写了一篇发刊辞《关于"金庸茶馆"》，文中多次提到"不亦快哉"，究竟何谓？有兴趣的朋友请自行查阅吧，这里就不赘述了。

本来，我也想回忆一下金庸武侠江湖中那些关于茶的场景的描写，正做着案头准备工作，结果发现，有热心的金庸读者兼茶友比我行动快，已经做完这个工作了。他与我分享了金庸先生笔下六次著名的"茶叙"，每次茶叙，都独有意味。这里，我便不客气地践行鲁迅先生的"拿来主义"了。

张家口：郭靖、黄蓉定情茶叙

在张家口，郭靖与黄蓉初遇时，郭靖请黄蓉吃饭，结果，这个小叫化子点了满满两大桌菜，一下花了郭靖一十九两七钱四分银子。奢侈大餐后，二人意犹未尽，接着又小饮了一次清茶：

这次黄蓉领着他到了张家口最大的酒楼长庆楼，铺陈全是仿照大宋旧京汴梁大酒楼的格局。黄蓉不再大点酒菜，只要了四碟精致细点，一壶龙井，两人又天南地北地谈了起来。

《射雕英雄传》

就是此次茶叙时，黄蓉开玩笑地说喜欢那匹汗血宝马，谁想郭靖毫不迟疑地赠马给她。正是此举，一下将黄蓉的心彻底打开，她自此爱上郭靖——

（黄蓉）不禁愕然，心中感激，难以自已，忽然伏在桌上，呜呜咽咽地哭了起来。

《射雕英雄传》

此次茶叙在郭靖、黄蓉关系发展中至关重要。

桃花岛：东邪、西毒、北丐茶叙

同样是《射雕英雄传》，黄药师在三道试题选婿后，请前来求亲的洪七公、欧阳锋在桃花岛喝茶：

曲曲折折地转出竹林，眼前出现一大片荷塘。塘中白莲盛放，清香阵阵，莲叶田田，一条小石堤穿过荷塘中央。黄药师踏过小堤，将众人领入一座精舍。那屋子全是以不刨皮的松树搭成，屋外攀满了青藤。此时虽当炎夏，但众人一见到这间屋子，都是突感一阵清凉。黄药师将四人让入书房，哑仆送上茶来。那茶颜色碧绿，冷若雪水，入口凉沁心脾。

《射雕英雄传》

不得不说，黄药师真是个生活家。你想想哦——浙江近海，清风翠竹的桃花岛上，有这么一处清凉品茶之所，怎一个爽字了得！

绿柳庄：赵敏、张无忌茶叙

在《倚天屠龙记》中，赵敏把张无忌等明教豪杰请到绿柳山庄，先是以茶相待：

顺着青石板大路来到一所大庄院前，庄子周围小河环绕，河边满是绿柳，在甘凉一带竟能见到这等江南风景，群豪都为之胸襟一爽。赵小姐亲自领路，将众人让进大厅。群豪见大厅上高悬匾额，写着"绿柳山庄"四个大字。说话之间，庄丁已献上茶来，只见雨过天青的瓷杯之中飘浮着嫩绿的龙井茶叶，清香扑鼻。群豪暗暗奇怪，此处和江南相距千里之遥，如何能有新鲜的龙井茶叶？这位姑娘实是处处透着奇怪。

《倚天屠龙记》

龙井茶

也不能怪群豪心下奇怪，因为赵敏早在绿柳山庄设下陷阱，准备将明教高手一网打尽。其陷阱不在这清香扑鼻的龙井茶中，却在此后的酒宴中。那满桌酒食并无毒性，水亭"醉仙灵芙"之花香，与假倚天剑"奇鲮香木"之香气混合，却成剧毒之物。

说起来，这小小年纪的赵敏，其心计真非常人能比。不过，再刁蛮的郡主，也躲不过脚底瘙痒之功。在绿柳山庄地牢，张无忌很快将赵敏驯服……

绿竹巷：那碗令狐冲没喝的茶

在《笑傲江湖》中，令狐冲是个江湖浪子，酗酒是其招牌之一。在洛阳王家，因吃醋于小师妹岳灵珊与小林子林平之眉来眼去，令狐冲喝到大吐，让华山派觉得好不丢人。不过，紧接着，在另一地方，令狐冲却得到非同寻常的一碗清茶的待遇：

（令狐冲）缓步走进竹林，只见前面有五间小舍，左二右三，均以粗竹子架成。一个老翁从右边小舍中走出来，笑道："小朋友，请进来喝茶。"令狐冲随着他走进小舍，见桌椅几榻，无一而非竹制，墙上悬着一幅墨竹，笔势纵横，墨迹淋漓，颇有森森之意。桌上放着一具瑶琴，一管洞箫。绿竹翁从一把陶茶壶中倒出一碗碧绿清茶，说道："请用茶。"令狐冲双手接过，躬身谢了。

《笑傲江湖》

大家都知道，令狐冲嗜酒，只怕根本不喜喝茶。不过这碗茶，虽是绿竹翁所请，却引出了令狐冲生命中最重要的那个人——任盈盈。此后，就是在这竹舍，因为令狐冲对"婆婆"的一番伤心倾诉，任盈盈爱上了眼前这个对小师妹痴情万分的浪子。绿竹巷茶叙，对令狐冲来说，是一生命运的转折点。

琴韵小筑：段誉、鸠摩智品碧螺春

《天龙八部》中，在苏州琴韵小筑，江南女子阿碧请欲往燕子坞见慕容复的鸠摩智、段誉等喝茶：

到得厅上，阿碧请各人就座，便有男仆奉上清茶糕点。段誉端起茶碗，扑鼻一阵清香，揭开盖碗，只见淡绿茶水中漂浮着一粒粒深碧的茶叶，便像一颗颗小珠，生满纤细绒毛。段誉从未见过，喝了一口，只觉满嘴清香，舌底生津。鸠摩智和崔、过二人见茶叶古怪，都不敢喝。这珠状茶叶是太湖附近山峰的特产，后世称为"碧螺春"，北宋之时还未有这雅致名称，本地人叫做"吓煞人香"，以极言其香。鸠摩智向在西域和吐蕃山地居住，喝惯了苦涩的黑色茶砖，见到这等碧绿有毛的茶叶，不免疑心有毒。

《天龙八部》

碧螺春　　　　　　　黑砖茶

哈哈，每次看到这段，都觉得金庸有意思，这不光是拿苦涩的黑砖茶与清雅的碧螺春比，更是拿边陲男子鸠摩智与温婉的江南女子阿碧比。

万花谷：一灯、周伯通、瑛姑的清茶岁月

《神雕侠侣》中，黄蓉、程英、陆无双为寻找失踪的郭襄，被玉蜂所引，进入万花谷。不想，在这世外花谷，她们遇到了结庐山坡、比邻而居的一灯、周伯通与瑛姑。故人到来，一灯大师自是清茶一杯相待：

三个人追到傍晚，到了一处山谷，只见嫣红姹紫，满山锦绣……忽听得左首茅屋柴扉打开，一人笑道："荒山光降贵客，老和尚恭迎。"黄蓉转头过来，

只见一灯大师笑眯眯地站在门口合十行礼。三人进了茅屋，一灯奉上清茶，黄蓉问起别来起居……过不多时，瑛姑托着一只木盘过来飨客，盘中装着松子、青果、蜜饯之类。黄蓉等拜见了，五人谈笑甚欢。一灯、周伯通、瑛姑数十年前恩怨牵缠，仇恨难解，但时日既久，三人年纪均老，修为又进，同在这万花谷中隐居，养蜂种菜，莳花灌田，那里还将往日的尴尬事放在心头？

《神雕侠侣》

说实话，金庸笔下那么多动人的文字，万花谷这一段，看似平淡，却给我印象颇深。试想，如此的山中，如此的故人，一杯清茶，一段欢叙，人生至境，莫过于此了吧？

所谓"飞雪连天射白鹿，笑书神侠倚碧鸳"，是金庸的十五部传世武侠小说的首字所串联的一幅对联，他给我们编织了一个无边无际的江湖武侠世界，这个世界里，有刀有剑，有酒有茶，更有我们魂牵梦萦的英雄梦。

如今，金庸永诀江湖，但无论怎样，金庸对于茶的热爱，始于江湖，终于江湖。如今，金庸虽然已经驾鹤西游，但他留下的那个茶香酒浓梦更美的江湖会一直陪伴我们，让我们慢慢品读，慢慢回味，共享一杯茶的时光！

2018 年 11 月 2 日

扫一扫，听音频

茶叶节与金像奖

2019 年 4 月 14 日下午 16 点半，我满载一车的茶香，驶出了英山茶叶谷。但见一路景换山移，彩霞满天，近处山风送爽，远处山岚迷蒙，一路飞驰，颇有点"春风得意马蹄疾"的惬意。

想到晚上还有另一场期待许久的娱乐盛典即将上演，在依依惜别之余，竟然也有归心似箭之感，于是这些天来所想到与接触到的人与事，也如电影般在脑海中——映现。

传说中的琼浆玉露

第一次到英山，是在 14 年前。

那年 4 月，台里对英山茶叶节的开幕式进行现场直播，并带去了一台精彩节目。在英山大礼堂的直播现场，我负责音响。这是我第一次坐在操控台前运筹与操控一台晚会的音响，表面不紧张，内心却忐忑，一个半小时的直播，我始终汗水涔涔。

直播一结束，我端起桌底下那杯没顾得上喝的已经凉了许久的绿茶，一

林木品英山云雾茶

饮而尽，顿时就爽到了极点；更为惊奇的是，过后许久，依然舌底生津，可谓回甘隽永。我想，传说中的琼浆玉露大概也不过如此吧。

工作结束后，同事们直奔茶市，拎着大包小包走出来。那时的英山云雾茶 150 元／斤，我也买了一斤，分寄给北京的两位朋友，不久，他们就打来电话，说非常好喝非常喜欢。于是，我略显娇傲地说："来自大别山的茶，当然好啦！"

当时，我并没留意到，那时的英山茶叶节就已经举办到第十四届了。

无形之债

第二次到英山，是在 7 年前。

那年 5 月，我与香港文汇报的两位记者朋友一起去英山，了解当地茶产业发展现状。因为在头一年，我曾作为《下一站香港》栏目的主持人，带领一个中国香港地区的商团去黄冈考察，对当地茶叶等优质农产品做过一番推荐，没曾想，竟然引起了港媒的浓厚兴趣。

这次英山之行，我们去了乌云山茶叶公园、雷家店、方家嘴、天堂寨等众多优质英山茶叶生产地，这是我第一次真正深入英山茶区，与企业和茶农接触，既了解了他们这些年种茶、制茶、售茶所取得的成绩，也感知了他们不为人知的艰辛。

英山大别茶访茶园

记得一位姓雷的英山茶农在地里顶着大太阳拔草，他对我说，因为每年春季有茶叶节，外地茶商与游客多，他的茶销路还不错；但一到夏季，他就发愁，因为当时的保鲜条件与宣传推广不好，茶叶卖不动，只好大跳水抛售。说这话的时候，他的脸上淌着汗，但我猜想他的内心一定在滴着血。

当时，陪同采访的一位英山农业局副局长殷切地对我们说："欢迎记者朋友们不仅英山茶叶节要来，平时也要常来走走看看，帮忙多宣传推广一下。"听完他的话，我们欣然应允，但后来，我们却多年不曾再来。有一次，我在武汉碰到一位英山农业局的朋友，于是问到那位副局长，朋友却一脸茫然。大概老局长已经退休了。

果然是：人一走，茶就凉。有时想起，我就感觉像是欠了英山朋友的债。

与生俱来的茶情

这次来英山，是周姐陪我来的。

周姐是我认识不久的一位武汉茶友。听说我将应邀出席"英山茶文化旅游节"，她就主动提出陪我一起进山，只因她是土生土长的英山人。我知道她儿子马上就要高考了，正操心孩子的未来，就不愿给她添麻烦。但周姐却说，你去我们英山采访，宣传英山茶叶，我是英山人，陪同前往，责无旁贷。

原来，周姐小时候也曾在家帮父母采茶挣学费贴补家用，她与茶的情感是与生俱来的。每年的英山茶叶节，只要得空，她就会回到英山，既是为了看年迈的父母，也是为了那一片绿莹莹的茶园。

盛情难却，我只好听她的。但因为路程的原因，一大早，周姐又爽快地替我分担了去金银湖接我同事的任务。我们分头行动，朝着同一个目标，各自驾车从武汉出发了。

上午 11 点，我们在英山茶叶小镇如约会合。周姐头戴宽沿草帽，一袭天蓝色中式茶服，她热情招手，款款而来。她优雅的模样与大别山灿烂的阳光和湛蓝的天空融为一体，真是别有一番风情。

后来同事告诉我，他们开心地聊了一路，周姐的热情与朴实让他很感动。

我说，是的，周姐重情重义重乡愁。

以茶交友

这次来英山，我认识了一位新朋友黄姐。

黄姐名叫黄海燕，网名皇妃燕，在外经商，一年中大概有一半的时间在全国各地游走。前几天，她还在山东威海，刚刚回到老家英山。她听说今年的茶叶节提前了几天，于是也提前赶了回来。

黄姐说，每年的英山茶叶节，她都会回家；每次回家，她都会把家乡的英山云雾茶带到全国各地。但她不是为了卖茶，而是纯粹与朋友分享，因为这是她自小就熟悉和喜欢的家乡的味道，也是她的朋友们熟悉和喜欢的友情的味道。

黄姐告诉我，有一次她在外地感冒了，吃药不管用，很难受，结果发现一家茶店在卖"英山云雾茶"，她立刻买了一包喝起来。她说，这家乡茶就像灵丹妙药，喝了立刻就舒适起来了。

黄姐这话我信。

无独有偶,去英山的头天晚上,武汉大降温,我感冒了,嗓子嘶哑,咳嗽,难受,但事先已安排第二天中午 13 点连线直播。正在彷徨无策之际,我发现贴心的主办单位在房间里安排了两袋英山云雾茶,我欣喜地泡了一杯,半杯茶下去,立刻神清气爽,嗓子好多了。于是,我边喝茶边连线直播,居然有惊无险顺利完成了工作。

热情的黄姐听我这么说,仿佛遇到了多年不见的老友,非要带着我们上雾云山。于是,我们爬山、赏梯田、逛茶园、品农家菜,其乐融融。饭后,我们手握一杯温热醇香的英山云雾茶,坐在农家堂屋大门前聊天,嗅着微风轻拂送来的泥土的芬芳,眼望远处翠绿之景,听取蛙声一片,沉醉得忘了归路……

高山云雾出好茶

英山是个人杰地灵的地方。

古代的英山,因孕育了活字印刷术发明者毕昇而载入史册;现代的英山,因大别山革命根据地而天下闻名;当代的英山,因产生了茅盾文学奖获得者熊召政、刘醒龙等著名作家而知名;如今的英山,则以茶而知名。

难以想象,如果没有茶,英山将会怎样。

"高山云雾出好茶。"大别山的主峰就在英山,茶园大多在海拔 1000 米以上的地区,这里阳光充足,雨水充沛,空气湿润,终年云雾缭绕,自古就是名优绿茶的盛产之地,历史名茶"团黄贡茶"就产自于英山,中国十大名茶中的信阳毛尖、六安瓜片也都产自于同一座大别山。

英山种茶的历史悠久,如今已是湖北茶叶第一县、中国名茶之乡,全县茶园面积达 25.7 万亩,2018 年的茶叶年产量 2.84 万吨,综合产值 21.21 亿元。英山县的国家地理标志保护产品"英山云雾茶"多次在各类全国性大赛中获得特等奖、一等奖的殊荣,深受消费者欢迎。

英山云雾缭绕

每年4月，英山人民都会广发邀请函，笑迎天下客，齐聚大别山，共享云雾茶。不知不觉间，一年一度的"英山茶文化旅游节"已经是第28年了——28年，这是何等的执着与坚持！

英山茶叶办主任何青松先生在接受采访时对我说，英山乡亲淳朴善良、热情好客，28年来，各地的爱茶之人都习惯每年4月到访英山，这是因为乡情；在外的英山儿女也习惯4月回老家英山，这是因为乡愁。

我赞同何先生的话。是的，乡情与乡愁都是因为爱。

金像奖的坚持

驱车两小时回到武汉，已是华灯初上时分。

夕阳西下，夜色灰蒙，在这大都市拥堵的马路上，目之所及全是红色的汽车尾灯，看着这骤然切换的空间，闻着这熟悉的城市的味道，我更加怀念山上的那份清爽与甘甜，更加怀念山上的那片蛙声与静谧。

与朋友在外一起用过晚餐，回到家，已过21点。我打开电脑，一边整理采访资料，一边关注着另一个文化盛典，一边也在思考着一个严肃的问题：为什么一个连续坚持举办了28年的茶文化旅游节还没有走出深山，还没有让自己的云雾茶成为一线品牌呢？

是英山缺少文化积淀吗？——不，那里不乏历史名人与文化名流。

是英山缺乏干劲与坚守吗？——不，28 年的坚持与笃定已足以显示他们决心。

是英山缺少发展机遇吗？——好像是的，恩施玉露的、利川红的机遇并不是所有茶都有的，但中华茶文化复兴的大时代已经来临，又怎能说没有发展机遇呢？

也许，机遇是留给有准备、能坚持的人的吧！

行文至此，第 38 届"香港电影金像奖"的最终颁奖结果也揭晓了，果然不出我所料，《无双》成了最大的赢家。当初那个默默奋斗了多年的庄文强三次上台领奖，现场与网上顿时都热闹起来，有人祝贺，有人吐槽……

目睹此情此景，我猛然想到，香港电影金像奖与英山茶文化旅游节是何其相似啊！

当年港片风行天下，人人称羡；时至今日，港片已失去昔日呼风唤雨的江湖地位，于是有人质疑它的存在。无论曾经如何赞誉，无论现在如何诟病，香港电影金像奖并不理会，依然故我，年年骂年年办，用 38 年的坚持与努力书写了华语电影史上无比灿烂的荣光！

大别山深处的英山县能把自己的茶文化旅游节持续办到第 28 届，这说明英山人足够的踏实与笃定，且有足够的目标与意志。德国有谚语说："哪里有意志存在，哪里就会有出路。"而我要说："你若坚持茶自香。"只要具有坚持的意志，又有明确的目标与科学的方法，假以时日，相信英山也能成就自己的传奇！

在这同一天里，在中国的两个地方，有两个热闹的 Party，曲终人散，落下帷幕，但在这万籁俱寂的午夜时分，我心中萌发的却是对下一个开始的期待……

2019 年 4 月 16 日

问答篇

年少不懂李宗盛

扫一扫，听音频

有朋友问："喝茶究竟有啥好处呢？"

我说："喝茶的好处可多了。"

他问："何以见得？"

我说："抛开茶是历史、是文化、是传承不说，喝茶，至少有补水、降低肾结石发生率、调节人体代谢与酸碱度平衡、凝神益思之效用吧。"

其实，喝茶还有许多好处，比如敬老爱亲、促进交流等。

这么说吧，经常为家人泡杯茶，是不是能增加家庭的温馨气氛、增加家人的情感互融？经常与合作伙伴喝喝茶，是不是能促进交流，提高工作效率？经常为自己泡杯茶，是不是更便于沉淀自己的思想？

有人说："你的话语中，透着你的价值观；你的气质里，藏着你喝过的茶。"此话有些道理。我的理解是：人与茶，共成长，同修为。

李宗盛也说："世上没有白走的路，每一步都算数。"这话说得真好。

同样的道理，世上没有白喝的茶，每一杯都融进你的气质里。喝茶，只是生活的一部分，并不能给生活带来根本的改变。但茶喝多了，人就会悄然发生改变，身体更通透，世情更洞明，精神更舒坦。

李宗盛不愧是一个时代的歌者。《凡人歌》《领悟》《梦醒时分》《最近比较烦》《山丘》……哪一首不是爱茶之人常听常思、常听常新的歌？如果你也曾一人静静聆听一个胡子拉碴的中年男人弹吉他唱歌，你以为你真的只是在听歌？

难怪有朋友感叹："年少不懂李宗盛，听懂已是曲中人。"大概，发此感叹的人不在少数吧。所以，年少不知茶滋味，喝茶早已非少年。

是故，我常说："茶虽不言不语，其实它最懂你。"茶中滋味如何，一如宗盛一如歌。

2019 年 7 月 25 日

刘嘉玲与竹叶青

扫一扫，听音频

有茶友问："刘嘉玲代言竹叶青，林老师你怎么看?"

我回复道："大人想怎么看都行，但你首先得看茶。"

说起竹叶青，有的人会一头雾水：竹叶青，这不是一种酒吗? 竹叶青，这不是一种毒蛇吗? 竹叶青，这也是茶吗?

是的，竹叶青，不仅是山西汾酒的一种保健酒，也是一种富于攻击性的管牙类毒蛇，还是四川省的一种知名绿茶。

竹叶青，又名青叶甘露，主产于四川峨眉山，其原料产自海拔 600～1500 米的明前嫩芽，经杀青、揉捻、烘培精制而成，分品味、静心、论道 3 个级别，口感清醇淡雅，属中国高端绿茶之一。

竹叶青，属炒青绿茶。

很显然，这次请来刘嘉玲为其代言，不是为了品茶，而是为了炒茶——能请到"不老女神"为其站台，当然是下了大血本的，我猜，应该不会少于六七位数吧。

但茶是用来喝的，不是用来炒的。我个人认为，无论是茶企、茶人、茶

竹叶青酒　　　　　　　竹叶青干茶叶　　　　　竹叶青茶汤

友，都要多关注茶文化本身。至于明星，也是市场环节的一部分，不能忽略，但也不应过多关注，包括那些所谓的"大师"。

不过，透过刘嘉玲站台竹叶青这件事，我倒是有几点体会：

其一，优质的就是稀缺的、时尚的。

优质农产品相对稀缺，尤其地域性极强的单一品种更为稀缺，所以日益受到消费者关注，并且已渐渐超出农产品的认知范畴。

茶叶，不仅是一种农产品饮品，更是一种高雅的文化；饮茶，已不仅是一种生活消闲方式，而是一种健康时尚有品位的消费方式。

其二，名人代言是一把双刃剑。

长期以来，因为规模产值与文化特性的原因，茶业届较少请明星代言，所以刘嘉玲与竹叶青嫁接自然受关注。

但需要审慎的是，借助明星效应，短期内也许能博得关注爆得大名，但长远看，一以贯之的茶匠精神与茶叶品质，这才是赢得消费者的关键。

明星代言，价格不菲，羊毛出在羊身上，这笔钱最终还得市场消化，消费者是否愿意埋单，还有待观望。

其三，茶业的春天已经来临。

国家大力支持茶产业的发展，最近十年来，国内茶业市场呈现出蓬勃的气象，全球茶叶生产消费市场也一直在稳步上升，绿茶的升幅更是高达 70%。

绿茶也是内销市场高居榜首的单一茶类，占比高达七成。

如今各地春潮涌动，恰逢春茶次第上市，绿茶再次引发全民关注，好像茶文化大繁荣大发展的春天已然到来。

但我们也必须清醒地认识到，春天也有寒潮。如何规避市场风险，合理引导大众消费，营造温暖怡人的茶文化市场环境，这才是关键。

总之，营销策划是茶台，可有；明星大腕是茶点，可有；匠心做茶是文化，断不可无。

2019 年 3 月 19 日

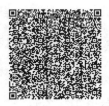

扫一扫，听音频

保温杯能泡茶吗

2019年5月的一天，68岁的茶友刘志燕老先生给我打电话，讲了一件事。

有一天，家里来客人了，刘志燕先生拿起一个保温杯就去泡茶，用的是他最好的茶叶，珍藏了二十年的老普洱茶。没想到，客人就是不喝。问其究竟，答曰："保温杯泡茶，会致癌的！"

这位朋友还信誓旦旦地对刘志燕先生说："我在朋友圈里看到过，连央视都报道过了！"

刘志燕顿时感到很尴尬。他想：我喝茶都40多年了，一直用的保温杯呢，我的癌细胞都藏到哪里去了呢？难道每年的体检都不准确吗？他最后疑惑地问我："林先生，保温杯真的不能泡茶吗？"

保温杯泡茶致癌的传言可信吗？我首先必须对谣言予以回击：

1. 保温杯能用来泡茶吗？——能！

2. 用保温杯泡茶会不会致癌？——不会！

我也经常看到有人拿 CCTV、白岩松来说事儿。有一次，白岩松就公开说："别信'白岩松'，'白岩松'从不刷微信呢。"网络上的许多消息都是谣言，而谣言止于智者。

目前，并没有任何权威数据说，保温杯泡茶会溶出什么致癌物质，那些所谓的"专家指出，茶叶长时间高温浸泡会大量渗出鞣酸、茶碱，导致致癌物质增多"等，其实都是以讹传讹。

这些所谓的专家是谁？有何权威的科研数据？哪个权威机构或媒体授权发布了消息？其研究数据被其他权威刊物的引用情况怎样？谁也说不清楚。所谓的央视报道"保温杯泡茶致癌"不过是危言耸听罢了。

互联网时代，谣言满天飞，我们要有探究与质疑的精神，不要轻易点赞，不要轻易发朋友圈，也不要轻易转发朋友圈。

保温杯到底能不能泡茶

客观地说：保温杯可以泡茶。那，保温杯泡茶算是个好选择吗？

当然不是。保温杯长时间热水浸泡茶叶，茶汤品质与品饮感受肯定不好。

首先，口感不一定好。茶被闷在杯子里，茶香不好挥发；而茶叶中的鞣酸、茶碱大量溢出，也使茶汤过浓，苦涩味增加，喝起来口感不会太好。

其次，保健功能下降。茶叶中的茶多酚、维生素、咖啡碱等是不耐热物质，长时间热水浸泡，会导致这些有益物质无法被人体很好吸收，还有可能导致人体重金属超标。

不锈钢保温杯　　　　玻璃保温杯

再次，卫生往往不够。保温杯内壁容易附着较多的茶垢。虽然茶垢中的重金属物质是以沉淀物存在，并不溶于水，但时间长了也会掉渣子，喝进身体里，不利于健康。

保温杯泡茶有优点吗

当然有。这就像人一样，总会有优点和缺点。所谓"金无足赤，人无完人"，万物皆如此。保温杯泡茶的优点也是明显的。

1. 非常方便。随时可饮热茶，尤其在冬天，其优点更突出。保温杯是茶友外出常备之物。

2. 适合焖泡。焖泡黑茶非常好，尤其是上了年份的黑茶，味道非常醇厚，香气也能保持较长时间。

3. 水温要求低。一般要求低温冲泡，只要水温适宜，只要了解茶性，什么茶都可以尝试。

另外，关于保温杯的常用材料不锈钢的特性，大家也有必要了解一下：不锈钢的耐蚀性，会随着含碳量的增加而降低。因此，大多数不锈钢的含碳量均较低，最大不超过1.2%，有些钢的含碳量甚至低于0.03%。不锈钢中的主要合金元素是铬，只有当铬的含量达到一定值时，钢材才有耐蚀性。为此，不锈钢中铬的含量至少为10.5%。

原来，保温杯能否泡茶，不是容器与茶、水的问题，而是泡茶的人的问题，是自己对泡茶这门生活艺术还不够了解的问题。鉴于此，我们不妨也去学些茶艺。

关于茶与器的问题

我曾读过著名茶人蔡荣章先生一篇文章，蔡先生有过这样的表述，大意为：如何找好的水、煮水壶要用怎样的材质、要用怎样的电炉、要找怎样的木炭，人们对此永远追求个没完。不要想到止于至善，要做到适可则止，这是对器物要求的原则。对"物"必须讲究，但是要量力而为、适可而止，不要忘掉泡茶的功夫、对美学与艺术的精进，否则，我们将会变成盲目追逐物质的一批人。

蔡荣章先生的这段话，我深表赞同。懂茶、懂器、懂茶艺，这才是高品质饮茶的根本。

茶盘套件

关于茶与器，器与道的问题，我想借用中国武侠小说中的一些现象加以说明：所有武功高绝的大师，都没有什么厉害的兵器，全凭一身的内力修为，与人对阵，恰似闲庭信步，随意挥洒，并无固定招式，却能致胜于无形。

所谓"大音希声，大象无形"，我想，大概也就是这个意思吧。泡茶，也应是如此。

2019 年 5 月 29 日

喝茶真能减肥吗

今天我们来说说"喝茶减肥"这件事儿。我想先给大家说两件小事：

第一件事

2018年6月的某一天，我到武汉江夏龙壹茶场实地考察，了解茶农的有机茶种植情况。那里环境真的是非常好，我的说法是"三YOU"：优美、幽静、悠闲。茶园一片碧绿，环境十分优美；茶园绿树成荫，鸟语花香，更显幽静；身处其间，感觉心旷神怡，悠然自得。这里实在是个双休旅游休闲的好去处，从市内开车过去，一个小时即到；赏美景、品好茶，然后再吃吃农家饭菜，幸福的田园生活大概也不过如此了吧。有兴趣去参观的朋友，可以在"一杯茶的时光"微信公众号给我留言，我们可以约个双休日再去一次，我来给大家当领队。

话说，那次我去龙壹茶场，认识了几位朋友。其中有一位女性朋友，身材高挑，皮肤白嫩，真叫一个优雅与漂亮。我猜，她大概40岁，一聊，才知道她从前是模特，现在开了家美容院；再一聊，原来她那时已56岁，都当奶奶了。我惊愕不已，马上就明白了什么叫"资深美女"。她告诉我，她天天坚

龙壹茶场

持喝茶，减肥效果还不错。

我发自内心地向她表达了我的赞美，又"咔咔咔"给她拍了十几张照片，每一张都不用 P 图，直接就可以发朋友圈。结果，没想到，这位姐姐，这位资深美女，看了照片后居然悠悠地说了一句："要是脸再瘦一点就好了。"她这种"没有最好，只有更好"的人生态度令我由衷感佩。

第二件事

一个在外地多年不见的山西朋友，不知道通过什么途径找到了我。她听说我在研究茶，还在台里办了个茶文化专栏节目，每天很悠闲地与人喝茶、聊茶，就找了过来，说这就是她想要的生活，也是她最近正在享受的生活。

我如实相告："你不知道，其实我每天过得并不悠闲，忙得很啊。"

但她回答说："忙也是很快乐的忙啊。"

嗯，这倒是实话。

我问她："你喝茶是为了什么？"

她很直率地说："喝茶减肥啊！让我老公看着高兴啊。"我知道她是位贤妻良母，既要忙工作，又要顾家养孩子。她今年 39 岁，是一个女人最有丰韵的年纪，但她追求的更多。她说，以前听人讲绿茶抗氧化、能减肥，就连续喝了近一个月，结果发现效果不是太明显；后来又听说普洱茶减肥效果好，就喝上了普洱茶。她很急切地问我："林木，你说，喝普洱茶真的能减肥吗？"

我还没说话呢，她又急忙问："听说普洱茶还有生普、熟普之分，到底哪个'普'减肥更靠谱呢？"

我听了就笑了起来。看来她是真着急了。我就说："喝茶首先得静心，是不能这么着急的。"我还举个了例子："我们去医院体检，医生就告诉我们，吃饭要细嚼慢咽，不要狼吞虎咽，这样更有利于健康。为啥呢？因为吃得太快不容易消化，不容易品尝到事物的滋味，更容易吃多吃撑——你营养摄入多了，可不就容易发胖？"

她听了若有所思，表示完全赞同。

这两件事说完了，大家发现没有，现在很多朋友喝茶的初衷，不是为了精心冥思，而是为了减肥，尤其是女性。这实在是一种值得研究的有意思的现象。那么，喝茶到底减不减肥呢？我想有必要就我所知跟大家说说这个话题。

喝茶真的能减肥吗

我们先来关注一下此类消息：关于减肥的方法，网上层出不穷，朋友圈里也天天有人传，尤其是卖茶的、做减肥纤体生意的朋友，更是不厌其烦地传播此类消息，如运动减肥、懒人减肥、食品减肥等。这里面就包括喝茶减肥。但我必须得说，并不是所有的方法都对所有人有用，只有找到合适自己的减肥方法才可以。

有人就在我们节目的微信公众号"一杯茶的时光"平台提问：喝茶能减肥吗？喝什么茶最好？肥胖伤不起啊！我要减肥！我要瘦身！我的回复一般是：指望喝茶减肥，无效；喝茶对减肥无效，但对控制体重有"一定"的"辅助作用"，可茶毕竟不是药。

我还告诉提问者：若以茶多酚等为摄入目标，六大茶类都差不多，问题在于摄入量而非种类。也就是说，那些难以下咽的粗劣茶品，在茶多酚方面与优质好茶并没有天壤之别。而发酵茶品则以茶多酚氧化产物为主要目标。不科学运动、不控制饮食（不是节食）、不合理作息，企图靠喝茶减肥——你还是饶了茶吧！

喝茶竟然会增肥吗

有人说："喝茶增肥……真的，食欲大增，而且特别想吃主食。"我的同事娜娜有一天就到办公室来找我，说："听说泾渭茯茶的刮油去脂能力很强，就买了一些，喝是好喝，就是发现不仅不减肥，反而增肥！"

我就问她："此话怎讲？"

她说："喝了茶，一会儿就感觉饿了，就想吃东西，胃口好得很，结果一天要吃好几次。"

我听了又笑："茶在帮你消食去脂，你想减肥，就要合理节制饮食，稍有饿意就吃，不胖才怪呢！"

我曾读过一个临床资料，根据科学的研究，喝茶是有减肥功效的，但也并不是所有的茶都能减肥，也不是所有的人喝茶就可以减肥，喝茶只是减肥的一个辅助过程，茶对人体是有较强的保健功效的，对肥胖有一定的抑制作用，但它的减肥功效真的没有传说中的那么神——茶毕竟不是药。

有的人可能就不信了："茶怎么就不是药呢？'神农尝百草，日遇七十二毒，得茶而解。'茶就是茶，茶不是药又是什么？"

你要这么说，我就只能说你是在抬杠了：1. 神农尝百草是传说，神话与传说都有演绎的成分，属艺术创作范畴，你不要太较真；2. 四五千年前茶大概是药，但受大环境影响，如今大家都百毒不侵，如今的茶解不了今天的毒，也是可能的。

我想让大家一起思考：喝茶真的可以减肥吗？喝什么茶才能减肥呢？

针对这几个问题，我个人的意见是 6 个字：管住嘴，迈开腿。

前不久，我看到网上有人给出了一个办法：1. 喝茶（什么茶都行）；2. 决心（一颗不减不罢休的心）；3. 坚持（要死磕，不破楼兰终不还）。

我觉得，这个办法比较靠谱！

2018 年 6 月 11 日

怎样买茶不后悔

扫一扫，听音频

2019 年的一次茶博会上，我看到一些茶友在各个展位上品茶，他们显得徘徊犹豫，进退两难。看情形，他们应该是对面前的茶有些钟情，但又下不了决心拿不定主意，于是纠结、纠结又纠结。

的确，茶门深似海，茶中的学问多了去了，谁都不能妄自尊大，谁也不用妄自菲薄。很多的时候，知识往往让位于常识。

买茶，遇到纠结的情况，我给茶友们的建议是：要么果断离开，要么少量入手。

那么，哪一种做法比较靠谱呢？我觉得，都靠谱。具体情况可具体分析。

那，此话又怎讲呢？

为什么果断离开

买茶就如相亲。

犹豫、徘徊，其实就是感情还没到位，还没有一见倾心非她不娶。如果印象不坏，那就不要轻下结论，可以再坐坐，再喝喝；或者再走走，再看看。

现在流行"断舍离"一词。

断，就是不买、不收取那些不需要的东西。

舍，就是要果断处理掉那些堆放在家里的没用的东西。

离，就是舍弃对物质的迷恋，让自己处于宽敞舒适、自由自在的空间。

这个概念来自于畅销书《断舍离》，作者山下英子是日本一位生活杂物管理咨询师，该书已出版十余年，在日本并不火，传到中国后居然火了，"断舍离"也成了高频流行词汇。

"断舍离"其实不是教你去想象什么是幸福，而是告诉你什么东西与自己的幸福无关，启发人们去学习怎么运用空间、使用空间，怎么运用时间、使用时间。

上面说的这段，看似是闲话，与茶不沾边，其实很有关系。

茶，具有非常独特的文化调性，它既是形而上的，也是形而下的，是一种美好生活的调剂品或者必需品。当然，茶也是一种商品——既然是商品，就有商品的商业属性，需要用价格来体现它的价值。

作为一种商品，在没有其他人为因素的干扰下，一般会严格遵循一分价钱一分货的

商品茶

市场规律。但是，茶商在宣传产品的过程中，往往会着重强调产品的特征，至于价格，则通常都是未知数。宣传需要唤醒茶客的购买欲，过度强调价格会使茶客产生一些错觉，比如茶的价格贵或便宜。

我看到有朋友在网上给一些茶友支招：如果是投资，茶的价格会随着市场行情而上下波动，适当关注价格是必须的；但如果仅仅是为了喝一口茶，其实很简单，随行就市就好，至于划算与否，喝都喝了，还看价格做什么。

这个招支得有些道理，但也有些土豪气，并不具有普适性。

为什么少量入手

"非淡泊无以明志，非宁静无以致远。"

这是诸葛亮的名言，但也被许多茶友挂在嘴边。的确，恬淡寡欲可让人做事更专注，寂寞清静可让人境界更悠远。品茶有益身心健康与结交朋友，通过品茶，慧心者会对生活的质与量有更清醒的认识。

买茶也要淡泊宁静。

一个茶博会，各地茶品云集，中国六大茶，数量成千上万，还有其他非茶类的茶品。再挑剔的味蕾，也总能找到几款甚至上十款自己喜欢的茶品。所以用不着纠结，用不着犹豫，看到合适的，不妨少量入手。这样做，于己于人都是机会。

给自己一个机会。喝茶其实也是看缘分的。跟着不同的人，就会有不同的际遇，会品到不同的茶，并遇到你自己喜欢的、对口味的茶。如果你过于武断，总在拒绝，极有可能错过本不应该错过的精彩体验，所以，要包容一些，尽量不给自己后悔的机会。而茶，就是包容的文化。

给别人一个机会。前面我说，买茶就如相亲，如果你想找个可心的人幸福地过一辈子，那你总得先走出去与人接触、与人交流不是？有人说"书中自有颜如玉"，但对茶友来说，杯中绝对没有茶仙子、茶公子，如果有，也是自己主动去勾搭上的。给人机会于自己也是机会。

遇到合适的茶，不要贪心，少量入手，不用花费太大的代价，既能品到滋味与品质都还不错的茶品，又能收获快乐，这是一件很美妙的事儿。对老茶友而言，买茶是幸福的败家；对新茶友来讲，买茶有败家的幸福，但无论怎样，我觉得浅尝辄止才是妙事。买对了，是惊喜；买错了，不后悔。无论对错都可以再来。

买茶，考验我们的，也许不是鉴茶能力，而是心智定力与生活智慧。

2019 年 5 月 13 日

扫一扫，听音频

茶并非越陈越好

前段时间，有位朋友跟我讲："听专家说普洱茶是越陈越好，我就买了将近一百饼茶放在家里，已经放了两年了。"

我问她："你就一饼茶都没开，一口茶也没喝吗？"

她笑道："没有啊，就等着将来喝更好的茶呢！"

我忍不住又跟她说了一番道理，并且告诉她："普洱茶也并非是越陈越好。"

她一下子就蒙了："不是吧，专家说'越陈越好'的，难道专家也骗人吗？"

其实，专家未必就是骗人的，但有些话，茶友们的理解有时候是有些偏差的。

比如，你喝茶是为了什么？为了口感？为了营养？为了健康？为了养生？为了修心养性？为了合群？为了追时髦？——你得了解自己要什么！

再比如，你藏茶是为了什么？为了理财保值？为了投资升值？为了品鉴更好的口感？为了炫耀自己有品位？为了营造良好的生活环境与文化氛围？——你得清楚自己在干什么！

听我解释完后，问话的这位朋友一下子蒙圈了，她茫然地说，自己并没有想这么多，因为手上有点闲钱，而朋友们都聊茶、喝茶、藏茶，于是忍不住手痒，也买了几万元的茶。如今听我这么一问，她才开始思考起来。

我也希望大家都思考起来。

我一向提倡大家喝茶，因为喝茶是文化、是健康、是品味，喝茶的好处有太多，这里无须赘述。如果有余力、有需求，我也不反对大家适量收藏茶。

但你得明白，收藏茶是为了什么。严格来说，喝茶是为了更好地提升品饮感受与文化体验。此外，我还建议大家在藏茶之前一定要喝茶，先喝后藏，觉得好的、喜欢的，可以适量藏一点，与茶一起经受岁月的洗礼，感受不同年份的茶给自己带来的不同的品饮感受。

如果仅仅是为了藏而藏，这只是野蛮占有，不是真心、真情与真爱；如果自身的体验与品位没有提高，再好的茶，再多的茶，藏了大概也是白藏。

我的观点，你赞同吗？

普洱茶，是很多茶友选择收藏的主要茶类之一，但你真的了解普洱茶吗？

普洱生茶，因茶味清新，能解腻消食，受到不少人的青睐。与龙井、毛尖、碧螺春等绿茶新茶受追捧不同，普洱茶素有"做新茶，喝旧茶"的传统，被认为越陈越香。

但是，从食品安全角度看，普洱茶并非越陈越好。比如，中国农业科学院茶叶研究所专家、科技处处长林智先生就认为："普洱茶也并非越陈越好！"

专家为啥这么说呢？我们首先得了解普洱茶。

普洱茶，分为生茶和熟茶。

生茶，是以云南大叶种茶树鲜叶为原料，经过杀青、揉捻、晒干、蒸压成型等工序制成，茶性较烈，汤色绿黄清亮，有强烈的苦涩味。如果将生茶放在环境合适的仓储环境中，陈化个三五年，让其缓慢地发生氧化、聚合、分解、降解等一系列复杂反应，产生大量的有益菌群，茶叶中的茶多酚就慢慢地给氧化掉了，茶黄素、茶红素、茶褐素的含量就会逐渐增加，茶的味道就会变得陈香、醇厚。

熟茶，就是在生茶的基础之上，增加了一项渥堆发酵的工艺。它的工艺特点是：利用人工快速发酵使茶性趋向温和，使得茶叶的汤色红浓明亮，口感醇厚回甘。

比较之下，生茶由于没有经过人工快速发酵处理，其耐储藏性更好，具有陈化生香的风味特点，并且随着储藏时间的延长，茶叶的色、香、味、品质等都可以得到显著的提升。

普洱生茶

普洱熟茶

那么，普洱茶的最佳保质期一般是多长时间呢？

茶叶研究专家表示，虽然大家一般认为普洱茶可以长期保存，但普洱茶的最佳保质期为10～15年。"越陈越香"这个概念，只在保质期内适用。如果储存不当，最佳保质期会相应缩短。只有质量合格的产品在合适的储存条件下，品质才会朝更好的方向转化。

如果茶品本身质量未达标，或者后期储存不当，不论存放多久，这茶的品质都不会好。就像人一样，平台与岗位合适就会发光发热甚至大放异彩，如放错了地方，再好的人才也白搭。

普洱茶储存十分讲究，高温、潮湿的环境，容易造成霉变。要想品味普洱茶的陈香，应将其存放在20℃～30℃、湿度小于75%、通风阴凉的环境中，

变质的普洱茶

并且要隔绝有异味的食物，防止普洱茶吸味。

如果普洱茶的纸包上有水渍，茶饼起白霜、有霉点或有霉味，冲泡后茶汤不清亮，那么它可能已经变质，建议不要喝了。所以说，普洱茶也并非是越陈越好，所谓的"越陈越好"只是一个相对概念。

总之，茶是用来喝的，不是用来炒作或者炫耀的，收藏茶是为了更好地品茶，这才是藏茶最主要的目的。

至于藏茶的其他功能，那是附属价值。虽然有的时候，附属价值也许经济价值更高，但离开了物质第一属性的哲学基本原则，一切都是零。

这就像我们平常所说的一句话"身体是革命的本钱"，如果身体不好，茶再多茶再好，只怕也是无福消受啊！

2018 年 10 月 26 日

扫一扫，听音频

用声音来品茶

茶界行家

前些天应邀去品茶时，茶楼一位"茶粉"（我把茶友叫"茶粉"，她是茶艺师）颇有些崇拜地对我说："林老师，您的《一杯茶的时光》节目，我每期必聆听、必收藏、必转发，您真是茶界行家，见到您真高兴，我要向您学习！"

她的这份热情，让我既感动又尴尬。我当然知道，人家这是在捧你呢，就一边由衷地感谢，一边尴尬地客套，一边惴惴然落座，喝茶，聊天。聊着聊着，这位"茶粉"就渐渐发现，眼前的这个"行家"在茶席前居然频频发问，一副学生虚心求教的模样。于是，她耐心细致地为我一一解答，但那眉眼之间已见疑惑！

茶过三巡，聊兴渐浓，我主动坦白："我对茶艺确实不内行，我就是一个普通消费者。"

她说："您太谦虚了，听您的节目，我怎么感觉您就是大师一样的人物呢？"

我笑了。声音有的时候确实很奇妙，很神秘，有无限的联想空间。我告

茶艺展示

诉她："那是因为我俩扮演的角色和观察的角度不一样啊！我是个传播者，我的专业服务必须考虑如何把我所了解的事情说清楚、把我要讲的故事说明白，您的听觉感受与理解感受都在我的考虑范围之内，您当然就觉得我说的话总是在理，甚至无懈可击。而我一旦卸去自己职业的光环，以一个普通消费者的身份进入了您的专业服务领域，我的心理与专业优势就会大为削减，您也就感觉不到主持人的光芒，反而会发觉自己更具有光和热。这是我们各自的职业属性使然。"

她认真地听着，若有所思地点点头。但这时候，我突然想起了老田田瑞金。

敬畏茶

2019 年 4 月，我台组织了一个全国性的大型系列报道"茶乡问茶"。我的同事老田在采访归来后对我们说，他越来越不懂茶了。他的话让人费解。

一位年过五旬的老记者，长期喝着茶，一直钉在基层采访，曾做过很多关于茶的优秀报道，他那接地气的声音被很多城乡百姓所熟悉，深得同事同行与听众的尊敬，为什么到最后却说自己不懂茶了呢？

老田是这样说的："这些年来，随着经济的日益发展与技术的日新月异，茶产业的发展突飞猛进，消费者的需求也呈多极化发展，各类茶产品更是层出不穷，以前人们都认为饮茶是中老年人的专利，但如今年轻人爱喝茶爱泡茶楼的也比比皆是。以前农民产茶，自产自销，赚不了几个钱；如今很多的专业茶农，靠茶发家致富，赚钱跟玩似的。以前很多茶友只是自己喝茶，但如今很多茶友还卖茶、收藏茶、推广茶……"

顿了片刻，老田接着说："无知者无畏，见得多了，反而心存畏惧，所以，我就觉得自己越来越不懂茶了。"

我对老田的话深以为然。探求之心与敬畏之情是我们每一个行业的从业者都应该永远保有的初衷，新闻人更应如此。有一句话现在很流行："不忘初衷，方得始终。"我想，这话之所以能流行，因为它确实是时代的主流心声！

做有"品位"的栏目

入行近 20 年，我一直喜爱有"文化"的栏目，也想做个有"品位"的声音者。当台里让我来做一个关于茶文化的新栏目时，我是非常乐意的。2019年 6 月 12 日，《一杯茶的时光》节目开播上线了。我们希望以茶为载体弘扬传统文化；以科普人文的方式表现茶文化；以符合移动互联网传播的方式进行制作。为此，我们对节目内容、表现形式、技术手段等都进行了诸多考虑。

比如，从一开始，我们就把栏目定位为"融媒体"广播节目，按照移动新媒体的传播特性进行制作，并图文声并茂予以呈现，要求：1. 可听（节目精短，可听性强，每期控制在 15 分钟左右）；2. 可读（利于阅读，有些时候有些场合不适合聆听音频节目，那就通过有品质的节目文稿进行阅读）。

当然，我们也有过争论：在这个速食年代，节目时长 3～5 分钟是否更合适？但最后我们决定，时长15分钟才是较为理性的安排。这主要基于以下考虑：1. 人们需要恬静慢生活来中和喧嚣快节奏生活。2. 享用一杯茶的时光应该不少于15分钟。3. 时间太短不利于人物访谈的展开。

俗话说："隔行如隔山。"媒体人毕竟不是专业茶人，我们尊重茶界的发展规律和专业属性，但我们也要积极学习，努力向专业看齐，不懂就问，不怕见笑，我问故我在。韩愈说："闻道有先后，术业有专攻。"我们也许来得比较晚，也许对茶的认识与了解不够专业，也许要摸着石头过河，但洪流滚滚，大浪淘沙，来了就是融入，来了就是接力，来了就不算晚。

《一杯茶的时光》节目开播上线一个月以来，得到了许多茶人、听众、爱茶之人及新闻同行的关注、鼓励与肯定，用户也在逐日递增，我们对此心怀感激，并尽心服务，纵然日夜加班、头昏颈痛眼花也无怨无悔。陆游有诗云："古人学问无遗力，少壮工夫老始成。纸上得来终觉浅，绝知此事要躬行。"我们愿践行之。

声音的魅力

最近读配音大咖孙悦斌先生的著作《声音者》，孙先生说，声音是语言的载体，是语言的质量，是语言的色彩；语言是一幅画，声音就是不同色彩的颜料，其优劣直接影响语言的承载力、表现力及魅力的高低。我很赞同他的论述，也很愿意用声音来试着品茶，听声音犹闻茶香是我的追求。

陈哥

那天，从茶楼出来时，那位"茶粉"居然追出来问："你认识陈哥吗？"

我说："是《好吃佬》的陈哥吗？"

她听了，就笑了，连连点头。

我顿觉荣幸自豪。我说:"我们是同事,当然认识的。"

她一脸仰慕地说:"陈哥一定很会做菜,一定吃遍天下美食吧?"

我听了,也笑了:"那倒未必,他不仅是一位非常优秀的节目主持人,还担负着领导工作,未必就有那么多时间去应酬。另外,你见过哪个大厨下班回家后还做满汉全席的?"

这个"茶粉"兼"吃粉"的姑娘就一脸"恍然大悟"地感叹了一句:"干你们这个工作真有魅力!"

我说:"这是声音的魅力,也是广播媒体的魅力!"

2017 年 7 月 21 日

如何传播茶文化

我常想：该如何传播茶文化？

做法好像很多，举凡皆是：做节目，写推文，拍照片，剪视频，办茶会，搞茶旅，推茶人，荐茶品……似乎一切皆可为，似乎一切皆易为。

但想想大道至简、知易行难的道理，又感觉以上所列都不够准确，堆砌在一起更是显得玄乎。那么，我们该如何传播茶文化呢？

答案未必在书斋茶席，智慧就在工作生活中。

2019 年底，同行龙呈祥先生在湖南茶频道对我坦言，茶文化传播工作太难，50 多人撑起一个频道，全国各地到处跑，入不敷出，压力山大。尽管如此，他们并没放弃，还在全力办"最美茶艺师"评选活动。

龙先生记者出身，年近不惑，正当壮年，但他笑言，已干不动了，一线只能让给年轻人。我就大笑："你们娱乐频道的同事平均年龄 23.5 岁，传播行业是该洗牌了。"

在我还没有被"洗牌"之前，还是先回顾一下"洗茶"这件事儿吧。

《一杯茶的时光》曾推出一期节目"茶洗洗更健康吗"，我们摆事实讲道理逐一评析，务求表述准确。许多朋友听了节目、读了推文后很有感触，纷纷与我交流，我也感受到了正确传播茶文化的意义。

与我交流互动的朋友中，就有来自比利时中华茶文化协会的中国茶友萧美兰女士，她对我说："茶没必要洗，茶有必要醒，有人洗茶，其实不是茶脏，而是洗茶者心里不够干净。"

我喜欢萧美兰女士的话，她的话透着纯真与禅意。而我想得更多的则是，为什么有人会传播不正确的信息？为什么总有人相信那些连常识都说不通的伪知识？

可见，还是正确的声音发得不够大，传播得不够深入。

萧美兰女士说，她在国外传播中华茶文化，有时感到无语，因为许多国人身在异域他乡，却对自家的宝贝并不了解，倒是许多外国朋友对中国茶趋之若鹜，学习热情高涨；而有些国人却不自觉地传递出不正确的信息。

我告诉她说："这正是我们传播的意义哦。"

其实不仅国外如此，国内也有类似的情况。

武汉茶人华骏阳先生就跟我说，现在市面上假岩茶不少，当李逵遇上了李鬼，他就忍不住要发声，专业解析真假之辨，并痛斥其对市场所造成的坏影响。

我为他的仗义直言点赞叫好。

我曾去武夷山琪明茶叶科学研究所参观，其间采访过茶师，听过岩茶大师王顺明先生当面介绍岩茶的工艺；我也曾查过一些典籍。作为岩茶大师王顺明先生的高徒，华骏阳先生从业多年，品学俱佳，所言不虚。

华骏阳先生感叹，岩茶是无数代前辈茶人智慧的结晶，乃成就今日"岩骨花香"之盛名，但

琪明岩茶

林木先生的
Mr. Lin's Tea

王顺明（左）、林木（右）

坊间总有"这香气那味道"的所谓创新岩茶，这不是糟蹋老祖宗留下来的好东西吗？

的确。无论是制茶售茶，还是传播茶文化，都要尊重传统，研究传统。

创新，有时可以另起炉灶，但绝不是否定一切，推倒重来；甚至，创新也不是大踏步前进，而是小碎步提升，而创新之路上也有倒退。我们不反对创新，制茶技艺也必须创新，但创新首先必须得继承。

我们该如何传播茶文化呢？一定要坚持传播正确的声音。那如何确保传播得正确呢？一定要宁静致远，守正创新。

宁静致远，是专注专一，目标明确，方向坚定，矢志不移。

守正创新，是明辨是非，坚守正道，不受蛊惑，继往开来。

传播中华茶文化，愿与有志者同行。

2019 年 12 月 7 日

扫一扫，听音频

万里茶道第一茶

汉口茶友韩卫国在"一杯茶的时光"公众号中留言问："为啥说'湖北青砖茶'是万里茶道第一茶？万里茶道上就没有其他的茶了吗？"这是个很有深度的话题。

横跨亚欧大陆的"万里茶道"，是继"丝绸之路"之后的又一条国际商路，其开辟时间虽然晚了1000多年，但其商品的负载量及其经济文化价值，却是无可比拟的。

万里茶道上除了青砖茶，还有没有其他茶呢？肯定有，比如福建乌龙茶、云南普洱茶、湖北米砖茶及各地的其他红茶（湖北米砖茶也是红茶）。那为啥说青砖茶才是"万里茶道第一茶"，万里茶道又是怎么一回事儿呢？

青砖茶茶汤　　乌龙茶茶汤　　普洱茶茶汤　　老米砖茶茶汤

万里茶道绽芳华

说到青砖茶，人们往往举止端庄，神色凝重，一如那块沉甸甸的茶砖。

开启青砖茶，人们往往具有一种仪式感，具有某种无以言表的崇敬与怀想。

因为青砖茶，成就了一条跨越欧亚、驰名世界的国际大商道——万里茶道。

青砖茶吸引人们的，不仅仅是它香醇怡人的口感、橙红透亮的汤色、低调内敛的陈香，还有它背后漫长的岁月沉淀与深厚的历史文化底蕴。

2015 年，八省一市的"万里茶道文化遗产保护工作推进会"在湖北武汉举行，正式明确湖北省为万里茶道申遗的牵头省份，个中原因至少有二：

1. 青砖茶的发源地与起运地在湖北。
2. 汉口是闻名世界的东方茶港。

"万里茶道"是一条横跨欧亚的陆上通商之路，它形成于清康熙 18 年（1679），中俄签署了俄国从中国长期进口茶叶的协定；清雍正 5 年（1727），

万里茶道路线图

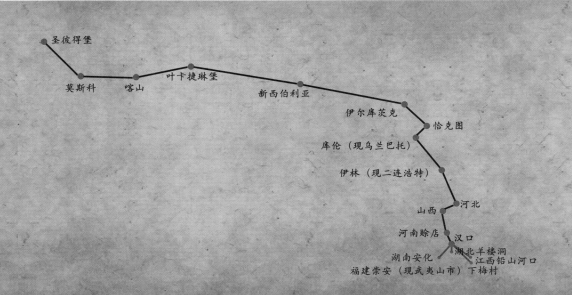

中俄在边境地区开辟了恰克图口岸，两国商人开始在这里直接通商贸易。

早期的"万里茶道"起自福建崇安县（现武夷山市）下梅村，人们肩背人扛或用鸡公车（独轮车）下船，从水路沿西北方向，横贯江西，直达湖北，在自古九省通衢的汉口集聚，然后装船，借汉水溯江而上，在河南赊店起岸后，以马车、骡子、毛驴或鸡公车载运，之后途径山西、河北、内蒙古，再从伊林进入现蒙古国境内，沿阿尔泰军台，穿越沙漠戈壁，以骆驼和牛车装载，经库伦（现乌兰巴托）到达中俄边境通商口岸恰克图。

到了19世纪中叶，"万里茶道"以汉口为起点出发，再北上至恰克图，茶叶贸易进入最鼎盛的时期。

这条商路并没有就此终止，它还在俄罗斯境内继续延伸，途经伊尔库茨克、新西伯利亚、叶卡捷琳堡、喀山、莫斯科等地，最后到达俄罗斯第二大城市、号称"俄罗斯的欧洲之窗"的圣彼得堡，此后，当地商人就会把来自中国的茶叶销往欧洲乃至世界其他不产茶的地区。

这条漫漫长路，总长13000多公里，沿途跨越中国境内的福建、江西、湖南、湖北、河南、山西、河北、内蒙古8省，横跨中、蒙、俄三国，可谓是一条跨越亚欧的陆路距离最长的物流大通道。因此，这条万里茶道上，也承载着一份历史的荣耀，中国古老悠久的茶文化得以走出国门，在异国他乡广为传播，并以茶为媒，沟通世界，融入世界。

19世纪以来，九省通衢的大武汉，是中国三大城市（上海、天津、武汉）之一，以水陆交通之利，成为世界上最大的茶叶集散地。

中国南方的茶叶，从福建武夷山、江西铅山河口、湖南安化和湖北羊楼洞等茶叶原产地出发，源源不断汇聚汉口，然后水陆舟车运往遥远的俄罗斯和欧洲，并逐渐成为世界三大饮品之一。

据美国人威廉·乌克斯于20世纪初撰写的《茶叶全书》："约在1850年，俄国茶商开始在汉口购茶，于是汉口成为中国最佳之红茶中心市场。俄人最初在此购买者为工夫茶，但不久即改购中国久已与蒙古贸易之茶砖。"

1891 年 4 月，22 岁的俄国皇太子尼古拉·亚历山德罗维奇造访汉口，在晴川阁上看到长江、汉江上穿梭往来的运茶船队不断进入汉口港，绵延 30 多里，不禁发出赞叹。之后，当听到俄国茶商在汉口开办的砖茶厂的砖茶税收，几乎要占俄国财政收入的三分之一的汇报后，他感叹道："以汉口为起点的万里茶道是一条伟大的茶叶之路，在汉口的俄国茶商是伟大的商人，汉口是一个伟大的东方茶港。"从此，汉口因"东方茶港"的美名而享誉全球。

在俄罗斯诸多史料和历史地图中，今天的人们清楚地看到，"万里茶道"的起点无一例外都标注为汉口，20 世纪 20 年代的俄文教材《茶路桥梁地图》就是以中国汉口为起点标注的。

茶叶的贸易与茶市的繁荣，可谓极大地推动了近代汉口的崛起。对此情状，当时的湖广总督张之洞由衷感叹："汉口商务之盈绌，尤专视茶叶为盛衰。"

据民国时期的《夏口县志》记载，汉口茶商曾在南洋博览会上获奖的就有 25 种茶品，约占汉口获奖商品总数的 64%。这些数据，也在一定程度上诠释了汉口茶叶输出的繁盛状况。

为此，武汉人，尤其是汉口茶人都熟知一句话："茶到汉口盛，汉口因茶兴。"

俄国茶商在湖北

19 世纪茶叶贸易的兴旺，使汉口由内陆型的知名商埠，迅速发展成为国际性的著名商埠，国外商人纷纷来到武汉，兴建了几十家工厂和 250 家洋行。

其中，1863—1873 年，俄国茶商先后在羊楼洞开设了顺丰、新泰、阜昌 3 个茶厂。为了在与英国茶商的竞争中胜出，俄国茶商不惜重金，以高于市场的价格收购原料，就地加工，再运至汉口的俄国茶商洋行，转口出售。

为了与英国茶商更好地在汉口茶市竞争，1874 年，俄国茶商又将 3 座茶厂迁至汉口，其中，顺丰茶厂就设在汉口江滩英租界的右边，新泰茶厂设在兰陵路口，阜昌茶厂设在南京路口。值得一提的是，顺丰茶厂还在汉口的江滩边辟有顺丰茶楼码头，这是武汉三镇第一座工厂专用码头。同时，俄国茶商还改用蒸汽机和水压机制作砖茶，产量更高，品质更好，成就了武汉地区第一批近代产业，并雇用工人8900多人，促成了武汉最早一批近代产业工人的诞生。1893年，俄国茶商又在上海路的路口开设了柏昌茶厂。

在汉口四大俄国茶商洋行顺丰、新泰、阜昌、源泰的推动之下，中国砖茶更多更快地远销世界，贸易量居全国首位，使汉口成为中国近代砖茶工业的诞生之地，成为世界砖茶之都。资料显示，仅1861年，由汉口港出口的茶叶就达8万担，一年后的1862年更是猛增到21.6万担，以后逐年增加。从1871年至1890年，汉口每年出口茶叶达200万担以上。这期间，中国出口的茶叶垄断了世界茶叶市场的86%，而由汉口输出的茶叶，更是占到了国内茶叶出口总量的60%。

这些在汉口压制的青砖、米砖、花砖等各式砖茶远销国外。特别是青砖茶，因为物美价廉耐泡，饮用功能出众，大受俄罗斯等地市场欢迎，出口贸易日益兴旺，单品销量最大，因而成为"万里茶道"上输出最多的砖茶。

值得一提的是，在汉口开辟的五国租界中，由于俄国茶商的大量涌入，以及茶商投资开办的茶栈和砖茶工厂的相继建立，俄租界成了当时汉口的高级住宅区和娱乐商业中心。

在原汉口俄租界区域内，至今仍保留有顺丰茶栈、李凡诺夫公馆、巴公房子、俄国茶商新泰大楼、华俄道胜银行、汉口俄国东正教堂、邦克面包房、顺丰砖茶厂等70处124栋历史建筑，涉及工厂、茶栈、银行、码头、宗教、餐饮、住宅等与茶叶贸易紧密相关的多个行业。

可以说，19世纪俄国人在汉口留下的所有遗存，几乎都与茶及茶商有关。

历史上，中俄两国商人通过这条商贸通道，繁荣了沿线数以百计的城镇

李凡诺夫公馆

原新泰砖茶厂旧址

巴公房子

汉口俄国东正教堂

图片来源为《中俄万里茶道》（刘再起著）

和乡村，留下数以万计因茶而生的遗址、遗物、遗迹和物质文化遗产、非物质文化遗产。

从那些当年茶商留下的老建筑上，今天的人们依然可以嗅到一丝东方茶叶馥郁悠远的芳香；曾盛极多年的茶叶交易市场和无数经营茶叶的街道、店铺、会馆，仍然多为所在城市的中心与地标。

2019 年 3 月 22 日

万
里
茶
道
的
意
义

2019 年 10 月 28 日，"中国青砖茶博物馆"盛大开幕。这个博物馆，位于湖北省咸宁市赤壁赵李桥羊楼洞古镇——这里是欧亚万里茶道的源头，湖北青砖茶的故乡，世界砖茶之乡。

2019 年 10 月 29 日，2019"一带一路"国际茶产业发展论坛暨第五届中国茶业大会在这里举行，多国政要、中外茶商云集于此，寻访"万里茶道"与"青砖茶"的历史记忆，思考"万里茶道"与"一带一路"倡议的现实意义。

我曾在《一杯茶的时光》节目中谈及"万里茶道"，茶友吴祖望、李东奇、关颖、小茶人等向我提出问题，归纳大意如下：万里茶道已淡出历史舞台 100 年，现在还谈它的历史与现实价值，难道还要把"万里茶道"重修一下吗？

我的观点与回复是：重修"万里茶道"应该是不会的，毕竟茶叶贸易早没这么落后了，我们有更先进的贸易与交流手段。"万里茶道"是世界文化遗产，尽管它已经完成了特殊的历史使命，但如今在中国"一带一路"战略框架之下，当年由晋商开辟的"万里茶道"已成为中蒙俄三国宝贵的历史文化资源，在经贸、文化、旅游等方面有着丰富的价值内涵和广泛的合作空间。"万里茶道"

赤壁羊楼洞·中国青砖茶博物馆

的特殊地位更是不可替代、不可磨灭的。

为啥这么说呢？我就简要说说四点浅见。

历史意义

茶叶，既是贸易物资，也是文明使者。

在清代，中俄茶叶贸易一直不断，茶叶是两国主要的进出口贸易物资。中俄茶叶贸易的繁荣，推动了我国内地种茶业和运输业的发展，有力地促进了我国北方草原和俄国西伯利亚地区的经济与社会发展。

随着一条条运茶驼道的延伸，一座座城镇在荒原崛起，欧洲文明与中华文明在万里茶道上交汇，推动中国走向世界，中国和欧洲借这条商道交换着物质与文明。

1857年，马克思在《俄国对华贸易》中说："在恰克图，中国人方面提供的主要商品是茶叶。俄国人方面提供的是棉织品和皮毛。以前，在恰克图卖给俄国人的茶叶，平均每年不超过4万箱，但在1852年却达到了17.5万箱，买卖货物的总价值达到1500万美元之巨……由于这种贸易的增长，位于俄国境内的恰克图就由一个普通的集市发展成为一个相当大的城市了。"

第二次鸦片战争后，汉口开埠，成为通商口岸之一。对茶叶贸易极为重视的俄国人十分看重九省通衢、茶商云集的汉口，纷纷来到这里开辟茶市，并于1862年与清政府签订了《中俄陆路通商章程》，取得了在中国南方茶区直接采购加工茶叶，以及由水路通商天津的权利。

国际意义

中国前所未有地融入世界，世界前所未有地需要中国。早在2200多年前的西汉时期，我们就有了丝绸之路沟通中外；1700多年后，世界交往日趋频繁，"万里茶道"应运而生。

"古丝绸之路"曾是中国、印度、希腊3个世界文明交汇的桥梁，时至今日，已是中国对外开放重要战略布局之一；"万里茶道"纵横13000多公里，不仅是中国与沿线国家友好交往的见证，更为推进交通、邮电等基础设施建设，开展环境保护工作和发展农业、制造业、旅游业与沙漠治理等带来新的机遇。

海陆两条交通路线，将在中国"一带一路"倡议国际格局下，给相关国家与地区带来前所未有的经济联系及更为广阔的发展空间。其东牵亚太，中连中亚，西通欧洲，是世界上最长最具发展潜力的经济合作大走廊之一，可形成政治互信、经济融合、文化包容的利益共同体、命运共同体和责任共同体，可为全球数十亿百姓带来无尽的福祉。

文化意义

"万里茶道"起步于风光秀美的南国水乡，行经山河壮丽的中原腹地，穿越黄沙漫漫的塞外大漠，远达银装素裹的雪域高原，一路行来，风景变幻无穷，全程异域风情，到处历史古迹，可谓是一条潜力巨大的黄金旅游线路。

"万里茶道"是一条文明、开放、友谊、合作的桥梁与纽带，茶道上丰富的语言、文学、艺术、宗教、建筑、民风民俗更是一座巨大的文化宝库，人们可以在这里打开一扇又一扇奇妙的世界之门，领略各国文化之精妙。文化将在这里交流，民族将在这里融合，经济将在这里繁荣，社会也将更加安定团结与和平。

"万里茶道"将是文化交流、经济发展、旅游开发、友好合作的康庄大道，也是中国文化传播对外开放的重要窗口，具有深远的文化价值。

本地意义

湖北地处中国中心地带，省会武汉自古九省通衢，是"一带一路"上茶叶、丝绸、瓷器等商品的输出地、转运地、集散地，在清代，武汉更是长达两个多世纪的对内对外贸易港，贸易量巨大，素有"世界茶都""东方茶港""东方芝加哥"的美誉。

湖北又是茶祖神农、茶圣陆羽的故乡，产茶历史悠久，茶文化历史底蕴深厚，所产茶叶种类涵盖中国六大茶，更不乏中华老字号、百年老品牌，茶园面积与产茶总量也位居中国前列，借"万里茶道"东风，融"一带一路"倡议，对外推广独特的湖北茶文化，积极拓展国际茶叶贸易市场，不仅可以带来现实的商业价值，更可凭借这杯茶，广交天下朋友，满足各方需求，撬动全球市场。

总之，"万里茶道"是历史的陈迹，也是现实的财富，它是中国"一带一路"倡议的重要组成部分，也是对外营销湖北茶、推广湖北茶文化、打造湖北茶品牌的千载难逢的大好机遇。

2019 年 10 月 27 日

扫一扫，听音频

茶有雅俗之分吗

茶友刘健行问："茶有雅俗之分吗?"是的，有雅俗之分。人的名字也是。

刘健行的名字，我想大概就取自《周易》。《周易》是周文王姬昌的著作，至今已有 3200 多年。这是一部中国古老智慧的集大成之作，最广为人知的一句是："天行健，君子以自强不息；地势坤，君子以厚德载物。"清华大学更是把"厚德载物"作为校训。

这句话的意思是说：宇宙运动起来，刚强劲健，而人是其中的一份子，也应该像天地万物一样，力求进步，刚毅坚卓，发奋图强，不可懒惰成性，而应有所作为；大地吸收阳光，滋润万物，君子应增厚美德，以身作则。这是古人对君子的自身修为的一种要求。

所以，"健行"是个很雅的名字，而那些所谓的"铁柱""狗剩""丫蛋""小石头""鼻涕虫"等，肯定是俗名、贱名。这也是民间的一种取名风俗，认为贱名更利于成长。

茶，历来就有雅俗之说，但毫无疑问，最早它是俗的，并且俗的群众基础越来越广大，时至今日，堪称大俗，而大俗方得大雅。

什么叫俗

俗，我觉得就是比较生活化、比较随意化的生活习惯。俗，从词源字义的角度来讲，也挺有意思，左人，右谷，从人从谷。我们的先民最早是穴居动物，由于生产力不发达，不会做房子，所以多半居住在山谷山洞里，以遮风避雨，以在恶劣的大自然中求得生存，并渐渐形成习俗。

品茶，经过了数千年的持续发展，从最早的嚼茶树叶子，到熬煮汤水，再到精加工生产，冲点茶末茶粉，到今天的冲泡品饮，持续道路漫长，文化底蕴深厚，生活习俗根深蒂固，已经成为中华文化的一部分。茶已经完全融进了中华民族的文化基因中。

什么叫雅

雅，我觉得就是生活比较讲求一定的形式，甚至追求一定的艺术性。雅这个字，在《说文解字》中有这么一句注解："雅，楚乌也。一名鸒（音玉），一名卑居。秦谓之雅。从隹（音追）牙声。"这些注解过于专业，我也没那么博学，这里就略过了。有兴趣的朋友不妨继续考证。

品茶，最早确实是劳苦大众、下里巴人的生活方式，但是，从西汉开始，因为文人墨客对茶越来越喜爱，茶叶渐渐进入了贵族阶层的生活圈子，并留下了许多故事与诗文，茶就渐渐变得雅起来，并演变成了人们所喜爱的饮食文化。

也许，像我这样40岁上下的朋友还记得，我们的父辈、爷爷辈，记忆中喝茶都是用大瓷缸、大陶碗，很少用小壶小杯的，对品茶的环境、方式、器具都不讲究，也没法讲究，对茶也没有要求，能喝，有点苦味，能解渴，就行。这种俗茶，多半是大碗茶。

有人说，四川成都的小茶馆那才是民俗景观中的一朵奇葩，对此我不否认，但我想他大概没有见过曾经贵为"东方茶港"的汉口茶馆文化的繁盛。

我翻看清末到抗战前的一些文献资料，发现武汉大街小巷遍地都是茶馆，堪称奇迹。当年的汉口，虽然也是中国乃至世界的著名大城市，但比之今日的规模那是小得太多了，却仍有茶馆 4000 余家，中外茶商茶客云集，商业可谓繁荣。不过，如果你仔细看那些陈年照片，当年的所谓茶馆，大多也不过是大碗茶的小本买卖，并没那么多讲究，大概也称不上雅致。

武汉自古九省通衢，汉口码头上的人们来自各地各帮各派各村各寨，形形色色，鱼龙混杂，三教九流的人物，五花八门的谈资，一壶茶、一碟花生米、一段评书，确是平民消费，打个尖，消个闲，解个渴，一壶一碗，能有多大点事儿？大抵一壶茶赚一个铜板，都是世俗饮食男女的真实生活，但翻看这些并不清晰的黑白画面，如今欣赏起来居然感觉透着许多的雅致。

而现代人品茶，渐渐习惯于用小壶、小杯和更加精细的手法泡茶，注重泡出茶的香与味，形和色，情与调，并美其名曰"功夫茶""茶道"。因此，大碗茶与小杯茶，常常相互看不起。

老北京大碗茶　　　　　　小杯茶

对于喝大碗茶的人来说，功夫茶与茶道就是奢侈、复杂、矫情、麻烦，喝茶简简单单一件事，就是解渴而已，何需如此讲究？用武汉话说，就是"装精"！而那些喝功夫茶的人，对大碗茶也是嗤之以鼻的，这么豪迈、粗放的泡法，怎么可能好喝，太不讲究了。用时髦话说，就是"太 low"！

他们大概忘了，茶虽有雅俗之分，即柴米油盐酱醋茶的俗世生活茶，琴棋书画诗酒茶的文化艺术茶，但茶本身历来就讲究一个"和"字。茶是包容兼蓄的饮食文化，如果非要分个高底贵贱，实在不配茶的调性，有违茶的本义，没有认识到茶的内涵。人来自自然，茶生草木间，若非人为赋予，何来差异？

茶，既是生活，又是艺术。喝茶，需要用心，需要用情，怎么喝，并无雅俗之分。忙碌时，大碗牛饮，消乏解渴；闲暇时，小杯慢啜，怡情养性，这都是生活，无关风与月，事关心与茶。

大俗大雅一杯茶

现在，我们来具体聊聊茶的"雅和俗"。

柴米油盐酱醋茶，是个俗事儿，但因为这是饮食男女、普罗大众日日所需的开门七件事，咱中国人自古以来就讲究"民以食为天"，故称大俗。

琴棋书画诗酒茶，是个雅事儿，但因为这是文人骚客、风流才俊青史留名的千古文化大事，中华文脉五千年不断且崇尚"文以载道"，故称大雅。

有意思的是，无论大俗，还是大雅，都离不开茶，都有茶为伴，都以茶作结。茶之妙处，由此可见一斑。

中国茶文化博大精深，堪称中国传统文化中的一朵奇葩。茶文化的传承与发展，经历了山野民间的孕育萌发、历代文人雅士的发掘与传播，再到雅俗共融、雅俗共赏、雅俗并行的蓬勃兴起，中国茶文化的这种发展历程，就像泡茶时茶叶与水的相互渗透与相互包容，它们相拥相抱，自上而下，自下而上，翻滚涤荡，最终成就了一杯芳香扑鼻、美味回甘的中国茶。

中国茶文化大规模地走向世界，应该形成于福建正山小种红茶引领英伦风尚之时。西方世界的人们，惊奇于这一片神奇的东方树叶，既有着鲜活泼辣的烟火之气，又有着清雅淡泊的松木之香；既有与琴棋书画诗酒并生的阳春白雪，也有融入柴米油盐酱醋的下里巴人。大俗与大雅，在茶的身上，得到了集中体现。

吃茶是一种口腹之欲

口腹之欲，人皆有之。我等布衣百姓终日忙忙碌碌皆为一日三餐衣食无忧，文人墨客再精神高洁也不可不食人间烟火。于是，便有了吃茶之说。

在中国茶文化萌发初期，茶的主要功能，是满足物质极度匮乏之时先民们的生存需要。春秋之前，人们习惯于生嚼茶叶，其入口苦涩却回韵无穷，解决了古代饮食文化并不发达时期民间百姓的口腹之欲。春秋之后，茶逐渐由食物转为饮品，在这一漫长的历史过程中，又走过了一段以茶为菜、以茶作羹的过渡时期。茶，一直都在发展中。

我国民间百姓普遍吃茶，除了喜爱茶的口感，也有保健与药用的考虑。相传，在远古的尧舜时代，茶是一种可提神醒脑、清心解毒的灵药。关于这一点，后世的《神农本草》中有过神奇而明确的记载："神农尝百草，日遇七十二毒，得荼而解之。"这个荼就是茶，在中唐时期陆羽的《茶经》诞生之前，茶称之为荼。

时至今日，在我国部分少数民族地区，还保留着生吃茶叶的习俗。比如云南的基诺族就很爱吃"凉拌茶"，人们将茶树鲜叶揉碎，与盐、蒜、辣椒等配料拌匀，再用清澈的泉水予以调和，品尝起来，不仅口感清凉，回味无穷，更可排解体内的毒素。

吃茶是一种精神需求

普通百姓吃茶，是为了满足口腹之欲。文人雅士吃茶，还兼有精神层面的需求。

不过，古代关于文人雅士将吃茶上升到精神层面的记载，在文献中却较少发现。古语中常提及的"吃茶"，也不过是"喝茶"的别称而已，原因不外乎最早的茶是用来口嚼，而不是用来品饮的，如佛学大师赵朴初的"空持百千偈，不如吃茶去"，这里说的吃茶，就是喝茶。

今天的人们发现，在堪称清代生活场景百科全书的文学巨著《红楼梦》中，倒是有数百处对当时上层社会人士吃茶的描写，比如宝二爷，咽不下玉粒金莼噎满喉，却愿意多吃一碗清淡的茶泡饭。又如《中国烹调大全·古食珍选录》提到董小宛："精于烹饪，性淡泊，对于甘肥之物质无一所好，每次吃饭，均以一小壶茶，温淘饭。"据说，这样的以茶泡饭的吃法，为"古南京人之食俗，六朝时已有"。

除此之外，宋代人还喜欢把龙脑珍菜、菊花之类与茶一道烹饪，再佐以香料调味。如此一来，茶香融入花香，花香浸入茶香，相辅相成，清雅之极。我想，这大概就是花茶的起源吧。

菊花茶

泼辣的茶谣

常言道：衣食足而知荣辱。同样的道理：衣食足而知欢娱。口腹之欲既然已经得到满足，精神需求也就随着而来。于是，茶又进入了山野乡间的民谣、文人墨客的诗词。民谣与诗词，形虽不同，情出一脉。茶，由此渐渐上升为饮食艺术，它来源于生活而高于生活。

在茶不断深入百姓生活的过程中，说茶、颂茶或以茶为寄托，来表达某种情怀的艺术形式，逐渐在民间浮现，谓之茶歌茶谣。茶歌茶谣，包括采茶调（又称采茶歌）、采茶曲、采茶戏等，它们多为平民百姓在日常生活中的即兴创作，因此深深扎根于民间，有着浓烈的人间烟火气，朗朗上口，不事雕琢，鲜活泼辣又真实自然。

由于古代民歌民谣主要靠口口相传，所以绝大多数失传了，如今我们听到的采茶歌、采茶戏，年代都不久远，比如，湖北恩施地区土家族的《六口茶》就是如此。

古代的茶谣形式，最多见为采茶调，广泛流行于江西、湖南、湖北、广西、安徽、福建等地，其演唱形式较为简单，先是一人无伴奏干唱引领，继而采取"十二月采茶歌"的联唱形式，以竹击节，一唱众和。后来，采茶调进一步发展，成为载歌载舞的采茶戏，参与人数与场面更为宏大，表演形式也更加丰富。

我国古代民间的茶歌茶谣，总体上来说，体现了寻常百姓对茶文化的理解认识，反映了下层人民的悲欢喜乐。其词曲动人之处，就在于它灵动朴实、真挚感人，用我们今天的话说就是"接地气"。

茶与诗词

相对于民间泼辣的茶谣，文人们颂茶，则要幽婉清雅得多。古来文人爱茶，绝不吝啬以诗词相赞，流传于世的名句不知凡几。而这些诗词，不仅表达着文人们对茶的感怀，更映射了他们本身的精神气质。

据记载，最先以茶为题作诗的，倒是那个最好酒的李太白：

仙气白如鹤，倒悬清溪月。

茗生此石中，玉泉流下歇。

几句小诗，虽不似太白颂酒诗之豪迈恣肆，却也颇见其仙风道骨、超然物外的风姿。在唐代诗人中，白居易更是对茶爱得偏执、爱到极致，单咏茶诗就多达 70 余首，对茶"穷通行止长相伴"的诉说，一如其人之平易亲和。

而到了宋代，范仲淹的《斗茶歌》汪洋恣肆，逸兴遄飞；元稹的"宝塔诗"清新淡雅，细致入微；而苏东坡的《次韵曹辅寄壑源试焙新芽》这首茶诗，如春风拂面，旷达逍遥，从容自得，诗曰：

> 仙山灵草湿行云，洗遍香肌粉未匀。
>
> 明月来投玉川子，清风吹破武林春。
>
> 要知玉雪心肠好，不是膏油首面新。
>
> 戏作小诗君一笑，从来佳茗似佳人。

苏东坡运用比喻的修辞手法，将佳茗的鲜嫩清新与佳人的天生丽质、蕙质兰心联系在一起，比喻贴切生动、雅俗共赏，给人丰富的想象和美妙的感受。由于东坡先生的诗人情怀，早已流入这杯淡茶之中，于是，一杯看似平平淡淡的茶，亦俗亦雅，微波潋滟，美不胜收！

2019 年 9 月 23 日

扫一扫，听音频

漫谈中国茶与道

随着生活水平的提升，爱好饮茶者也越来越多，茶文化也逐渐兴盛。

我常听许多朋友谈茶论道，各有各的理解，各有各的说法，很难有统一的标准答案。我觉得倒也没必要有标准答案，茶是包容的文化，应该允许有个人差异！

何谓茶道？此问题也曾有茶友问过我，或和我探讨过。我的粗浅的认识是：所谓茶道，简而言之，即饮茶之道；繁而言之，即人与茶、人与自然、茶品与人品、人与人之间的关系的综合表现形式与精神体验。

必须承认，文化背景与社会阶级的差异，是形成中国茶道流派众多的重要原因。何以见得呢？

人们一般认为：贵族茶道，生发于"茶之品"，旨在夸示富贵；雅士茶道，生发于"茶之韵"，旨在艺术欣赏；禅宗茶道，生发于"茶之德"，旨在参禅悟道；世俗茶道，生发于"茶之味"，旨在享乐人生。

既然如此，那么，何者为高，何者为低？依我看来，都高，所以难分高低，但各具特点。

　　小小的一片茶叶，浅浅的一杯茶水，观照的却是深沉而悠长的历史，演绎出一幕幕活的历史大戏——有的雄壮、有的悲壮、有的伟大、有的渺小、有的光明、有的卑劣，剧情多变，不一而足。

　　在唐代，朝廷将茶沿丝绸之路输往海外诸国，借此打开外交局面，都城长安成为世界大都会，成为中华帝国乃至全世界的政治经济文化之中心，其中应该也有茶的一份功劳。

　　在唐代，文成公主和亲西藏，既带去了文明理念、生产技术与种子，也带去了香茶，此后，藏民饮茶就成为流传后世的时尚风俗，文成公主与茶文化在西藏成为历史美谈。

　　在明代，万历首辅张居正设"茶马司"，将内地茶叶输边易马。马背民族离不开茶，于是，在边区推行茶马互市作为治边（或制边）杀手锏，以达到"以茶戍边"的效果。茶叶成了明代一个重要的政治筹码。

　　在清代，乾隆皇帝将新疆纳入中国版图后，趁机输入湖茶，将之作为一项固边的经济措施，以促进民族融合，增进文化互动，并取得了非常好的社会效果。

　　有人说，茶运即国运。此话确实不错，茶随国家政治的举措而升沉起伏。

　　史载：仁宗执政期间，西夏犯境，势不可挡，宋廷遂与西夏议和，宋封其为王，每年给予银7万两，绢15万匹，茶叶3万斤，西夏乃退兵。宋朝得到了面子，西夏赢得了实惠，受苦的却是中原百姓，他们将茶献给朝廷，朝廷将它贡给西夏，以取悦强敌。这里，茶负载的不是友谊，而是对强权的屈服。

　　在闭关锁国的清代，中国茶叶贸易是个特殊的可以用于外贸的商品，它勾足了西方人的胃口，于是引来了强盗。有人说，1840年的鸦片战争，历史书上讲的虽然是西方向中国推行鸦片贸易而引发的战争，但说到底，根子上还是因为茶叶贸易逆差而引发西方的恼羞成怒。此话大概也是很有群众基础的。

　　此外，在我国清代，官场钦荣有特殊的程序和含义，有别于贵族茶道、雅士茶道、禅宗茶道。在隆重场合。如拜谒上司或长者，仆人献上的盖碗茶，照例不能取饮，主客同然。若贸然饮之，便视为无礼。主人若端茶，意即下"逐客令"，客人得马上告辞，这叫"端茶送客"。主人令仆人"换茶"，表示留客，这叫"留茶"。

这是茶道之糟粕，现已被历史抛弃。

茶，作为日常消遣饮料，也常被人诟病。

有的地方机构重叠，人浮于事，为官为僚，"一杯茶，一包烟，一张报纸看一天"的事儿也曾被无数次爆光；而茶，作为有特色的礼品，人情往来离不开它，"找门子、铺路子、搭桥子"都离不开它。这也是茶道中的糟粕。

茶，通用于不同场合，能成事也坏事，既温情又势利。茶虽洁物，也难免会落入染缸，常扮演尴尬角色，被借之以行"邪道"。但我必须得说："茶何罪之有？"

倒是在商场，茶呈现出另一番令人欲罢不能的风景。

在广州，"请吃早茶"是商业谈判的同义语。一盅两件，双方边饮边谈，隔着两缕袅袅升腾的水汽勾心斗角，各自盘算；最后，终于拍板成交，于是将茶一饮而尽；接下来的茶与饭那才是真正的口中美味、腹中美食。

盖碗茶

设想一下，如果没有茶，这场商战该是何等尴尬无趣啊！深谙此道的中国华南商界人士很早就看透了商海世情，所以大事小情一律在茶桌上谈，酒桌上绝不谈生意，只要吃得好一杯早茶，便能纵横商场无败北，这个，他们最懂。

茶入江湖，便添了几分江湖气。

江湖难免是是非非，但大家都习惯于不诉诸公堂，也不急着"摆场子"打个高低，而是按照江湖规矩，请个双方都信得过的头面人物，出面调停仲裁，地点多半在茶馆，所以名为"吃请茶"。这个民间智慧，曾避免了无数打打杀杀、流血牺牲。

茶道进入社区，趋向大众化、平民化，构成社区文化一大特色。如城市的茶馆就很世俗，《清稗类钞》记载："京师茶馆，列长案，茶叶与水之资，须分计之；有提壶以注者，可自备茶叶，出钱买水而已。汉人少涉足，八旗人士，虽官至三四品，亦厕身其间，并提鸟笼，曳长裙、就广坐，作茗憩，与困人走卒杂坐谈话，不以为忏也。然亦绝无权要中人之踪迹。"

民国年间的北京茶馆融饮食、娱乐为一体，卖茶水兼供茶点，还有评书茶馆，说的多是《包公案》《雍正剑侠图》《三侠剑》等，顾客过茶病又过书痛；有京剧茶社，唱戏者有专业演员也有下海票友，过茶瘾又过戏瘾；有艺茶社，看杂耍，听相声、单弦，品品茶，乐一乐，笑一笑。

总之，一间小茶馆就是一个大社会。

茶叶进入家庭，便有家居茶事。清代查为仁《莲坡诗话》中有一首诗云："书画琴棋诗酒花，当年件件不离它；而今七事都更变，柴米油盐酱醋茶。"

茶已是俗物，日行之必需。客来煎茶，联络感情；家人共饮，同享天伦之乐。茶中有温馨。茶道进入家庭贵在随意随心，茶不必精，量家之有；水不必贵，以法为上；器不必妙，宜茶为佳。富贵之家，茶事务求精妙，可夸示富贵、夸示高雅，不足为怪；小康之家不敢攀比，法乎其中；平民家庭纵粗茶陶缶，只要烹饮得法，亦可得条趣。茶不孤傲怪僻，是能伸能屈的木中大丈夫。

综上，茶作为俗物，由"茶之味"竟生发出五花八门的茶道：官场茶道、行帮茶道、情场茶道、社区茶道、平民茶道、家庭茶道……这茶中，有霸气、有匪气、有江湖气、有市侩气、有脂粉气、有豪气、有小家子气……这一切都发端于"口腹之欲"，其主旨是"享乐人生"，非道非佛，倒多了些儒学的内蕴，故也称"世俗茶道"。

茶是雅物，也是俗物。进入世俗社会后，茶的形态呈现出不同的变化。

行于官场，染几分老爷气；行于江湖，染几分江湖气；行于商场，染几分铜臭气；行于清场，杂几分脂粉气；行于社区，染几分市井气；行于家庭，染几分亲情气；等等，不一而足。

既然，熏得几分人间烟火，焉能不带烟火气？这就是茶，这便是生发于"茶之味"以"享乐人生"为宗旨的世俗茶道。所以开门七件事儿，柴米油盐酱醋茶，茶在最后，但并非地位最末、可有可无，排在后头的，往往是压轴之物呢！

2019 年 1 月 8 日

神农是人还是神

扫一扫，听音频

　　我曾在《一杯茶的时光》节目中多次讲到过茶祖神农，传统上，大家都认定神农是第一个发现与利用茶的人，其例证大体有二，一是《茶经》中的记载："茶之为饮，发乎神农氏。"二是《神农本草经》中的记载："神农尝百草，日遇七十二毒，得茶而解之。"

　　对此，许多朋友都怀有疑问。比如，茶友吴天民问："《神农本草经》是茶祖神农写的吗？"茶友侯永平问："全世界第一个发现茶和利用茶的人是神农吗？有何根据？"茶友郝建平问："神农究竟是人还是神呢？他是图腾崇拜还是真实存在的人？"总之，关于神农的问题可谓一箩筐，这里我们就此问题来探讨交流一下。

　　炎帝所处的时代，为新石器时代，当时还处于原始社会，还没有诞生文字，人类文明还没有萌芽，所以，《神农本草经》不可能是神农所著。为了更好地说明这个问题，我们先得说说神农是人还是神。

作为"人"的神农

　　神农，也就是华夏民族的人文始祖——炎帝，是中国上古时期姜姓部落的首领尊称，号神农氏。在上古传说中，姜姓部落的首领神农因懂得用火而得到了王位，所以称为炎帝。他被华夏子孙尊奉为农业之祖、药学之祖、茶祖！

传说，神农亲尝百草，发展了草药治病，是中医中药的最早发明者，也是第一个发现与使用茶的人；另外，神农还发明了刀耕火种，创造了两种翻土农具——耒、犁，他教人们垦荒，种植粮食作物；此外，神农还领导他的部族制造出了饮食用的陶器和炊具。

总之一句话，发生在上古时期无从考证的一些发现与发明，人们都可以在神农的身上找到影子。他是农耕文明的集大成者，非常接地气，也有人间烟火气息。所以，神农应该是人。

作为"神"的神农

传说是神农第一个发现了茶的药用价值。《神农本草经》中说："神农尝百草，日遇七十二毒，得荼而解之。"试想一下：一个人如果中了七十二种毒，那还能活命吗？可是，神农能"得荼而解之"，能起死回生的，只能是神。所以，神农也是个神。

在上古神话中，炎帝是牛头人身的形象，的确是个神一般的存在。今天的人们去神农架、随州时，所能看到的关于神农的塑像，都是牛头人身的模样。

神农不仅是个种地的能手，还是个了不起的战神。传说，炎帝的姜氏部落和黄帝部落结盟，共同击败了蚩尤。所以，全球华人（不仅汉族）都自称炎黄子孙，将炎帝与黄帝共同尊奉为中华民族人文始祖，使之成为中华民族团结奋斗的精神图腾。

神农故地之争

关于炎帝神农的故里究竟在哪里，目前有六地之争，分别是：陕西宝鸡、湖南会同县连山、湖南株洲炎陵县、湖北随州、山西高平、河南柘城。这些地方都有神农活动的记载。

大家在争什么呢？大家为什么要争呢？争的是文化，争的是财富。我们不能忘了祖宗，争祖宗这是个好事情，但怎么争比较合适呢，还是以事实为依据较科学。

如今，全球华人普遍比较认可的观点是神农的故乡在湖北随州，因此，每年的炎帝祭祀大典都会在湖北随州举行。我觉得，祭拜神农很有必要，在哪里祭拜、如何祭拜可以商榷。

人神之论可休矣

关于神农是人是神的问题，我觉得他应该是人，如果是神，他就不会轻易中毒，也不用苦哈哈地去发明各种工具，耕地种田；更不用联合其他部落，直接借用天兵天将就能解决问题。

神农只能是人，但我觉得神农不太可能是一个人，而是一群人。虽然个人的力量在某些历史节点的作用功不可没，但个人的力量与智慧是有限的，历史是人民创造的。所以，毛泽东、习近平等伟大人物都说，人民群众才是真正的英雄。

自古以来，人们习惯于将某些不能解释，或无法溯源的事，都归结到核心人物身上，以表示对功勋人物的尊敬与赞扬。比如，毛泽东思想就是全党智慧的结晶，而不仅仅是毛泽东主席一个人的智慧。

《神农本草经》是啥经

传说，神农在尝百草的时候，尝吃了无数的药品。他发现什么有毒，就记载下来；什么对身体有好处，也记载下来；最后集成了一本书，这本书就是《神农本草经》。该书与黄帝的《黄帝内经》、扁鹊的《难经》、张仲景的《伤寒杂病论》并称为中医四大经典著作。

但据考证，《神农本草经》成书于汉代（一说东汉，一说西汉），是现存最早的中药学著作。这本古典医学著作，又称《本草经》或《本经》，其实，它是托名"神农"所作。也就是说，作者不详，可能是个人，也可能是集体，甚至是数代人智慧的结晶。

《神农本草经》全书分三卷，文字简练古朴，是中药的理论精髓。其载药365 种，疗效多数真实可靠，许多至今仍是临床常用药。《神农本草经》提出了辨证用药的思想，所论药物适应病症能达 170 多种，对用药剂量、时间等都有具体规定，为中药学起到了奠基作用。

神农究竟是谁

相传，《神农本草经》起源于神农，代代口耳相传，于东汉时期集结整理成书，成书非一时，作者非一人，是秦汉时期众多医学家搜集、总结、整理的结果。这是中华民族之所以能够血脉延续的原因之一。

在科学技术不发达、生产力极端低下、人类生存条件极为恶劣的古代，人们对生老病死、对天地万物、对日月星辰都是心怀敬畏之心的。中药能治病，在某种程度上能让人起死回生，这是一个多么伟大的发明啊，这是一件多么伟大的功德啊！

人都是有感恩之心的，那么，这个大功劳应该归谁呢？归谁都不好。那就还是给神农吧。大家没意见，事情就这么定了。

总之，我的理解与认识是：神农不是神，神农是个人，也有可能是一群人，他是农耕文明的奠基者，他是炎黄子孙的人文始祖，他是中华民族的精神图腾。

当然，神农也最有可能是茶的最早发现者与利用者。

2019 年 11 月 15 日

陆羽著《茶经》始末

扫一扫，听音频

陆羽

小时候，听老人们讲过一个传奇故事：有一个孩子很悲催，还不会走路呢，就被父母抛弃了，幸好有个好心的老和尚收留了他。但老和尚要他当小和尚，小孩子不愿意，他想读书，就翻墙跑了，四处求学，后来终于成了一个大学问家，还写了一本书。

这个故事听起来很励志，有点像心灵鸡汤的感觉。后来我长大了，还暗暗耻笑讲故事的老人：你想让我好好读书，你以为我不懂啊！

我小时候很调皮，学习成绩一般。

再后来，当我知道了陆羽的故事之后，我这才明白自己作为年轻人的肤浅。原来这不只是故事，还是曾经真实发生过的历史，不是编的。

这个故事，也许与我们每个人都相关，因为我们是一个茶的国度，开门七件事柴米油盐酱醋茶，哪个老百姓又离得开呢？就算年轻不懂事暂时离得开，成年后也一定会慢慢爱上中国味道、中国茶。这种文化的认同与传承，我们得感谢陆羽感谢茶。

那么，陆羽和他的《茶经》的故事究竟是怎么回事儿呢？这就得从头慢慢说起了。

中国是茶的故乡，据说自神农时代起，中国人便有了饮茶的记载，距今已有近 5000 年的历史了。但与后世不同的是，在"药食合一"的上古至秦汉时期，饮茶多以药用为目的。

比如，《神农本草经》中记载："神农尝百草，日遇七十二毒，得茶而解之。"再比如，华佗《食经》中提到："苦茶久食，益意思。"浓茶经得起一而再，再而三的冲泡，有清醒大脑，提高思维能力的作用。

大约到了魏晋时期，文人饮茶逐渐兴起，并成为文人雅士的雅事，茶才脱离一般的药食形态，走进寻常百姓饮食文化的范畴，出现了诸如桓温、陆纳以茶代酒的典故。

而品茶真正以独特的茶道与文化被世人所认识，实在要归功于中唐时期的一位著名的茶人，他就是那个翻墙逃跑的孩子，也就是被后世尊称为茶圣的陆羽。陆羽，湖北竟陵人士，而竟陵就是今天的湖北省天门市。

话说，公元 733 年深秋的一个早晨，竟陵城郊外，龙盖寺的智积禅师在湖边散步时，偶然捡到一个瘦弱不堪且容貌丑陋的婴孩（一说为 3 岁幼儿），

林木在天门参观陆羽纪念馆

便将他带回寺中抚养，并给这个可怜的孤儿起名为"陆羽"。

此时正值唐玄宗开元到天宝初年，天下太平，百姓丰足，龙盖寺香火旺盛，小陆羽生活在这里，童年生活过得倒也无忧无虑。一转眼，小陆羽已经长到十一二岁了。

这期间，智积禅师日日带着小陆羽在身边，精心传授他佛法，想把他培养成一代高僧。但陆羽似乎对佛家经典并不感兴趣，反而偷偷修习儒家学问，喜欢研究种茶、采茶、泡茶。

智积禅师在郁闷之余，决定强迫陆羽皈依佛门为僧，并给他分派挑水砍柴之类的苦力活来磨砺他的心性。小小的少年当然无法忍受青灯古佛的日子，终于有一天，陆羽趁人不备，翻墙逃出了龙盖寺。

逃出寺庙的陆羽，从此流落江湖。他先是到一个戏班子里混饭吃。虽然其貌不扬，又有些口吃，但凭着自己幽默机智的天分，他饰演的丑角颇受观众的喜爱。他当时的知名度如果放到今天，大概也能和童星媲美了。

有一次，竟陵太守李齐物大宴宾朋，请了戏班子来唱堂会。在观看了陆羽的出众表演后，太守非常赏识他，就把他叫过来交谈。在了解到陆羽的身世后，太守深表同情，甚是爱惜，就把他推荐到火门山邹老夫子的门下去学业。

陆羽机灵乖巧，能吃苦，会表演，会泡茶，又有朝廷大员的推荐，于是立刻就被邹老夫子接纳了。他在邹老夫子的门下住了下来，一边读书，一边研究茶道。7年后，19岁的陆羽结业下山，从此心无旁骛开始了他一生为之奋斗的事业——寻茶问道。

陆羽生活的年代正值安史之乱前后，中原大地成了叛军和官军厮杀的战场，各地的节度使也趁为朝廷平乱的机会纷纷扩张自己的军力。

陆羽鄙夷权贵，喜欢畅游于山水之间，《全唐诗》中所收录的他的《六羡歌》，正是他这种品格的真实写照："不羡黄金罍，不羡白玉杯；不羡朝入省，不羡暮登台；千羡万羡西江水，曾向竟凌城下来。"

据说，当时南朝谢灵运的十世孙——诗僧皎然大和尚，常年隐居在湖州杼山妙喜寺，陆羽在湖州从事茶世活动时，与皎然结为忘年之交。当时陆羽24岁，皎然和尚年过四旬。

皎然虽然隐居，但与当时的名僧高士之间多有往来，这也无意中拓宽了陆羽研究茶事的深度和广度，为他的知名度的拓展起到了很大的帮助。在皎然的帮助下，陆羽闭门著书，开始了《茶经》的写作。当然，此前，陆羽已经在全国各地的茶区做过多年的实地调研，掌握了大量的一手茶学数据资料。

安史之乱后，唐王朝的江山虽然不再像盛唐那般富盛雍容，但也算稳定了一段时间。唐玄宗之孙唐代宗李豫嗜好饮茶，听闻陆羽善于事茶后，就派人四处寻访，将他宣入宫中，并留他在宫中任职，专门培养宫廷茶师。

但闲云野鹤惯了的陆羽不喜欢宫中规矩的束缚，最终还是回到苕溪，隐居不出，在皎然大和尚的资助下，专心写作自己的《茶经》去了。

史载，陆羽为了撰写《茶经》，曾长期定居于江南的舒州、湖州这一带，并常常跋山涉水，每日与当地茶民为伴，种茶、采茶、品茶。他不仅将所见所闻的资料加以汇总，而且还亲自种茶，身体力行。最终，他将实践

《茶经》

与理论相结合，为后世留下了世界上第一部茶学专著《茶经》。

《茶经》一共三卷十篇，被奉为世界茶学专著中的圭臬："一之源"考证茶的起源和特性；"二之具"记载采茶所用的工具；"三之造"记录了茶叶的采摘方法与种类；"四之器"记述烹茶饮茶所用的器皿物事；"五之煮"记载煮茶的手法；"六之饮"描述了各地饮茶、品茶的风俗习惯；"七之事"汇总了与茶道有关的诸多掌故，以及茶叶的各种药效；"八之出"则列举茶叶的产地和各种茶叶的优劣；"九之略"意在说明茶道的规矩可以因条件发生改变，不必拘泥一格；"十之图"将采茶、加工和品饮的过程以绢图的形式给出，直截明了。

在《茶经》中，陆羽除了详尽描述各种茶叶的产地、种植、采摘、制造工艺和品鉴方法，还记载了由他本人发现的诸多名茶。这是中国古代最完备的茶书之一，茶叶的生产从此有了比较完整的科学依据。

我国唐朝时期虽然民风开化，不像后世明清时那般闭关守旧，但在时人心中，依然是将研究儒学经典视为士人的正途，而像陆羽所研究的茶道学问，则被归入"杂学"的门类。

与其他儒生相比，陆羽不仅精研儒家学问，并能入乎其内，出乎其外，不拘泥于书本，并将儒家学说融汇于茶艺之中。自陆羽至今，经过一代代茶人的努力，茶文化越发展示出中华民族天人合一的精神境界，并逐渐成为华夏的饮食和精神缩影。因此，中国有茶文化，陆羽实为滥觞也。

唐德宗贞元二十年（公元 804 年），一生淡泊名利的陆羽，在隐居半生的浙江湖州与世长辞，而他倾注毕生心血著就的《茶经》，则如一缕清香的风涤荡着世人的心灵。今天的人们，依旧在品茶，依旧在谈陆羽，依旧在读《茶经》……

2018 年 11 月 28 日

宋徽宗

茶人皇帝宋徽宗

中国历史上的爱茶皇帝不少，皇帝嗜茶，自然对茶文化的发展具有极大的推动力，比如隋文帝、宋徽宗、康熙、乾隆等，都曾留下许多诗文与佳话。

唐宋时期，中国茶风大盛，评茶斗茶，朝野如一，可谓空前。其中，可作为茶文化繁盛标志事件的有二，一是陆羽写出了《茶经》，二是宋徽宗写出了《大观茶论》。前者以草民身份发天下未发之声，写出了世界上的第一部茶学专著；后者以九五之尊为茶代言，生动真实地记载了宋代的享茶生态。

后世对宋徽宗其人褒贬不一，但比较一致的看法是：除了当皇帝，其他都优秀，甚至可以说，宋徽宗是一个优秀的茶人皇帝，他的《大观茶论》是一部全面反映我国宋代茶叶发达程度和制茶技术状况的典籍，具有非常高的研究价值。

在全世界范围内，爱茶爱到可以成为专家的茶友并不多，能对茶情有独钟并著书立说成一家之言影响后世的茶友更不多，而这样的皇帝那就更是凤毛麟角，仅此一人。所以，我们说宋徽宗是个茶人皇帝实不为过。

宋徽宗其人

宋徽宗赵佶，号宣和主人，宋朝第八位皇帝，书画家。他是宋神宗第十一子、宋哲宗之弟，曾先后被封为遂宁王、端王。哲宗病逝时无子，依据大宋"兄终弟及"的继位传统，太后向氏立赵佶为帝，史称宋徽宗。

宋徽宗赵佶，多才多艺，才华横溢，当皇帝 26 年，把大宋王朝弄得文气冲天，但民生凋敝，民不聊生，民怨四起，他的统治时期是北宋走向衰败的分水岭。

宋太祖赵匡胤以武将之职发动"陈桥兵变"黄袍加身，自然深知军队的厉害。他"杯酒释兵权"后，更是推行重文抑武之策，一时文风大盛，艺术繁荣。

宋徽宗生长在帝王之家，自然能享受到良好的文化教育与艺术熏陶，自然是享尽了荣华富贵，他独特的生活品味、艺术修为、文人气质就是最好的体现。

宋徽宗地位尊崇，品味极高，不仅诗文书画样样拿得起放得下，且精妙绝伦，同时还是一位出色的茶叶品鉴、茶艺鉴赏大家。然而，后世对宋徽宗的评价，可谓褒贬不一，一言难尽。

不称职的皇帝

宋徽宗不是个称职的皇帝。即位之后，他启用新法，推行新政。这可以理解，新官上任三把火，更何况是拥有四海、好大喜功的皇上。但宋徽宗不识人，或者说他本来就是个昏庸之君，当政期间重用蔡京、童贯等奸臣，此二人打着"绍述新法"的旗号，排除异己，奢靡享乐，无恶不作，因而政治形势一落千丈。

宋徽宗是个贪图享乐的皇帝，过分追求奢侈生活，在南方建"花石纲"，劳民伤财，怨愤极大。上行下效，皇帝奢靡，臣下哪还能有好？举个例子，当时官场时兴"生辰纲"，京官过生日，地方官溜须拍马者成批结队运送礼物。

《水浒传》中"智取生辰纲"一节，地方官梁中书搜刮民脂民膏，给岳父蔡京送价值十万贯的礼物，结果被梁山好汉给劫了。《水浒传》之所以生动，就在于它取材于现实生活。

宋徽宗还非常迷信道教，不仅大兴土木营建宫观，还自称"教主道君皇帝"，并经常请道士来看相算命，封道士做官，称作"国师"。

在宋徽宗集团的腐朽统治下，内部农民起义风起云涌，梁山起义和方腊起义先后爆发，外部辽国、大金虎视眈眈，伺机侵掠，北宋统治危机四伏，岌岌可危。

杰出的艺术家

必须得说，宋徽宗是个杰出的艺术家。有人甚至这样评价他："在中国2000多年封建历史346位皇帝中，宋徽宗最富艺术气质、最是才华横溢。"

宋徽宗是宋代文化艺术事业出色的组织者和推动者。他笃好丹青，将画列在琴书棋玉之上，居文艺之首，用科举选拔画家，赐以高官厚禄；还以古诗考取绘画人才，经常把内府珍藏赐予画院，供其研习。宋代绘画艺术登峰造极，与宋徽宗的推动大有关系。

宋徽宗个人在书画艺术上的造诣也非常高。比如，宋徽宗热爱花鸟画，并自成"院体"，具有非常高的艺术成就，其传世佳作主要有《芙蓉锦鸡图》《腊梅山禽图》《瑞鹤图》《听琴图》《文会图》等。

另外，宋徽宗还自创了一种书法字体，被后人称之为"瘦金体"，这是书法史上极

瘦金体"茶"字

具个性的一种书体，因其与晋楷、唐楷等传统书体区别较大，个性极为强烈，故称作是书法史上的独创。

世人对瘦金体的评价是：灵动快捷，笔法外露，笔迹瘦劲，至瘦而不失其肉。后世能与之媲美的，大概就是大书法家启功老先生了。

总之，宋徽宗是中国古代少有的颇有成就的艺术型皇帝，后世有人称其为"天才的画家，浪漫的帝王""错生帝王家的艺术家"。

优秀的茶人

宋徽宗是个非常优秀的茶人。许多人说，宋徽宗是被书画艺术耽误了政治前程的皇帝，但好像还没有听说宋徽宗是个被茶耽误了的皇帝。他是古今中外地位最尊崇的优秀茶人。

宋徽宗对茶的鉴赏与研究达到了专家级的地步。如果要评选谁是中国古代最高级别的茶人，大概除了宋徽宗，没有人敢排第一。下面举两个例子来说。

例一，宋徽宗是中国历史上第一个以九五之尊为臣子点茶的皇帝。当朝太师蔡京《太清楼侍宴记》记载："遂御西阁，亲手调茶，分赐左右。"

例二，宋徽宗是中国历史上第一个潜心习茶并撰写茶学专著的帝王，他的《大观茶论》，至今仍是我们研究宋代点茶最重要的一本书籍。

仅此两点，后世茶人恐怕无敢与之争锋者。康熙、乾隆虽然也均是一代明君，也爱茶，对茶的研究颇多，乾隆爷更是留下了"君不可一日无茶"的佳话，但在茶学的造诣上与宋徽宗相比，确实望尘莫及。

《大观茶论》简述

《陆羽茶经》全文 7000 余字，已经非常精炼了，但宋徽宗的《大观茶论》更为精炼，全书共 20 篇，却不足 3000 字，语言极其精简，详细地记述了北宋蒸青团茶的产地、采制、烹试、品质、斗茶风俗等，见解非常独到，着实不易。

宋徽宗非常推崇茶的高雅、宁静的文化气质。在《大观茶论·序》中，宋徽宗称饮茶是"天下之士，励志清白"之举，是"闲暇修索之玩"。按他的观点，天下

《大观茶论》

人都用茶来宴席宾客，上到王公贵族，下到黎民百姓，无不沐浴在茶中，受茶文化的熏陶。

宋徽宗比较认同陆羽"山泉为上，江河次之，井水为下"的论述，但他对茶品与茶器却有自己独特的偏好，比如，他认为白茶是茶中精品，并详加阐述，指明"撷茶以黎明，见日则止。一枪一旗为拣芽，一枪二旗为次之，余斯为下"；再比如，他认为"盏色贵青黑，玉毫条达者"的建盏"兔毫盏"才是点茶、斗茶的上品。

宋代的点茶法，是《大观茶论》最为精彩的部分。书中对点茶技巧说明得非常详细，对茶筅搅拌的轻重、方式与茶的产地、天时、工艺，以及茶的

兔毫盏

色香味品鉴等也多有精彩阐述。这些内容比较生僻，有兴趣的朋友可以细细研读，这里就不赘述了。

茶人皇帝的功过

有人指责宋徽宗沉迷茶事，因茶误国。

我觉得言之过甚。宋徽宗崇尚艺术的生活，登基之后，常常茶宴群臣，品茶论道。他不仅降尊纡贵与大臣斗茶，还写下了传世经典《大观茶论》，这是他的艺术修为所致，而不是茶乱了他作为帝王的心性。老子《道德经》有云："治大国若烹小鲜。"作为斗茶大师的皇帝宋徽宗又怎能不懂得其中的道理？但问题是，懂得道理却不予以践行又有何用？

因此，尽管宋徽宗利用皇权推动了包括茶在内的文化艺术的发展，且他个人也颇有成就，但他对国家富强、华夏一统、民族振兴并无建树，甚至贻害后世。

作为画家的宋徽宗，他的画作工笔写实，精致逼真；作为书法家的宋徽宗，他兼收并蓄，自成一体；作为茶人的宋徽宗，他的《大观茶论》娓娓记述，谈茶论道，全无王霸之气，就连茶学文学大家苏东坡都心悦诚服、自愧不如；但作为皇帝、作为政治家的宋徽宗，他乏善可陈，甚至昏庸低能，他的奢靡排场与绚烂文艺自然挡不住大金铁蹄的野蛮践踏。

在中国历朝历代的帝王中，因沉迷享乐而误国的可谓不少，离宋徽宗最近的大概就是唐玄宗了，这位"圣人"年轻时勇武英明，遂有"开元盛世"的无上荣光，但晚年却沉迷于声色犬马、酒池肉林、梨园技艺，最终导致了"安史之乱"，把大唐王朝的大好江山推向了黑暗的深渊。

遗憾的是，300多年后的宋徽宗并没有汲取唐玄宗的前车之鉴，反而令繁荣的大宋在他的治下逐渐走向衰落，也让中国历史此后经历了数百年的衰退与落后。

茶人皇帝的启示

有人评价说："宋徽宗是个被皇帝成就了的艺术家。"也有人说："宋徽宗是个被艺术耽误了的皇帝。"

每一种说法都有自己的道理。

但我认为，作为皇帝，他的工作就是处理政务，治理天下，他肩上担负的首要责任，不是艺术与享受，而是江山社稷与万千黎民的福祉，孰重孰轻，孰本孰末，谁大谁小，谁主谁次，一目了然，本该分明。

北宋名相赵普被誉为"半部《论语》治天下"。宋徽宗应当知道"君子务本，本立而道生"的道理，沉迷于艺术、沉迷于茶而荒废了工作，可谓是不务正业、不负责任、玩忽职守，理应受到生活的责罚与历史的羞辱，但因一人而误天下，国家何其无辜，黎民何其无辜，艺术何其无辜，茶亦何其无辜。

不务正业玩跨界注定是要付出惨痛的代价的。宋靖康元年（1126年），金军兵临城下，大受惊吓的宋徽宗六神无主，只得听从了大将李纲的建议，禅位予太子赵桓（宋钦宗）。但厄运并未就此止步。次年3月，金兵攻陷京都汴梁，宋徽宗与宋钦宗一起被金军活捉，从此开始了长达8年的颠沛流离的悲苦的囚徒生涯。

金天会13年(1135年)，宋徽宗终于在抑郁悲愤中客死他乡，终年54岁。直到7年之后，他的棺椁才被迎回南宋，葬于绍兴永佑陵，但却永远无法魂归故里，魂灵也无法得到先祖的庇佑。不务正业的帝王宋徽宗如地下有灵，回顾自己的一生，看到今天的盛世中华茶事再举，看到人们在品读与反思他的《大观茶论》，想必也会唏嘘不已吧！

2019 年 11 月 16 日

扫一扫，听音频

结语

这三年

播 前

2017 年夏天，节目开播前。

领导问："节目名称想好了吗？"

他说："想好了。"

问："叫什么？"

他说："叫《一杯茶的时光》。"

领导沉吟片刻，问道："怎么不叫《一壶茶的时光》？"

他想起了李敖，笑道："不要那么多，只要一点点。"

领导大手一挥："行，干吧！"

他欢声应答："好咧！"

弱水三千一瓢饮，知足就好。

冲　锋

方案做好了。

领导："给你一个小时。"

他说："我只要 15 分钟。"

领导："15 分钟够吗？"

他说："够了，还可以再短一点。"

领导又问："你要几个人？"

他说："给三个人吧。"

领导说："好。"

后来，只给了他一个人；再后来，只剩他一个人。

但事，还得做。既已列阵，既已冲锋，一个兵也是一个军。

理　解

后来，节目反响不错。但有人觉得时间太短，不过瘾。

领导说："那就做一个小时吧。"

他说："真干不了，我掏不出那么多干货。"

领导："给你一个小时，你看着办吧。"

他就这么办，做成两个节目，再对半分。

他觉得，15 分钟，可以了解一杯茶，另 15 分钟可以理解一个人。

一半茶，一半人，这茶这人才有味道。

有一天，领导碰见他，说："我看行！"

笃行感恩，就有理解与支持。

时 光

以后，就这么办。这一办，就 3 年。

3 年，1000 多个日日夜夜，乐此不疲。

3 年，800 多期节目，一个人扛下来了。

3 年，30 多万字，一字一字敲出来了。

3 年，采访了不少茶人茶友，走了不少茶山，喝了不少好茶。

但越是往前，他越是觉得水浅茶深，一杯茶，足以映照天高地厚。

难得初心，一杯茶的时光，用一辈子品味，足够。

如今，不觉 3 年矣……

2020 年 6 月 12 日

扫一扫，听音频

后记

你 的 心 声 听 得 见

心 声

每一次走进甲区，都是一次新的开始。

我的工作，从来就不是日出而作日落而息。一切，都从刷卡进甲区开始，从刷卡出甲区结束。其他的时间，都是在为此而准备，但不会计入工作时间获取酬劳。

很多人也许并不知道，但凡一个好节目，在那短短的在线播出时间里，至少会有一个或多个或一支团队为之长期累积、揉碎心肝，这与网上吃饭穿衣聊天睡觉的直播完全迥异。

坦白说，我并不知道某一期节目的反响究竟如何，我也不是太在意别人如何评价，我只知道某件事如果用心做了会有怎样的实际意义，我只知道每一次的刷卡进入都是一次新的开始。因为我知道，有人在等……

我想，对受众心怀热爱之人，哪一个又没有初心呢？

体　验

　　每一次打开话筒，都是一次新的体验。

　　我自小的人生梦想里，从来就没有过当记者、播音员、主持人的选项，我只想当个默默无闻的不让学生带着烦恼回家的好老师。至今，在人前发言我都无法摆脱紧张心跳腿发抖的老毛病。

　　我此生都难以忘怀第一次上直播节目时的"天地玄黄，宇宙洪荒"。那时，我脑中一片迷惘混沌，能听得见自己咚咚的心跳，却听不见嘴里发出的声音，汗水湿透了座椅，心脏濒于爆裂的边缘。但就在这蒙昧的状态中，我的世界却透出了一丝别样的光亮，它依稀照亮了我前方的路。

　　我也曾问过好多同事与同行，那心情几乎大同小异，那情形有如上酷刑。但正是这种最初的状态，伴随了我们传播职业生涯的每一天。是故，我们常常自省，我们常常自侃：直播，我们是认真的。因为我们知道，有人在听有人在看……

　　我想，对受众心怀敬畏之人，哪一个又不是认真的呢？

与心灵约会

　　总之，每一次走进甲区，都是去完成一项自认为是，也的确是的至高无上的使命；每一次打开话筒，都是去赶赴一次与心灵的美好约会。

　　我希望，我们的《一杯茶的时光》节目能承担起茶文化传播的功能，哪怕只是一点点；但我更希望，我们的"一杯茶的时光"能超越茶文化本身，让这片小小的树叶成为人与人之间美好情感开始与延续的载体。

　　于是，我的每一次开场的问候，都是呼唤；我的每一句留言的播读，都是交流；每说一句话，每写一个字，我都希望能与你引发共鸣——心灵的共鸣才是这世间最美好最动听的乐音。

　　你的心声，我听得见……

2019 年 5 月 2 日

附录一

全民饮茶宣言

——致国际茶日

茶之为饮，发乎神农。茶事风流，先秦魏晋。

茶艺茶道，大兴唐宋。陆羽茶经，世代恢弘！

时至今日，处处皆茶。柴米油盐，日日有茶。

琴棋书画，岂曰无茶？茶兴国盛，万事关茶！

丝绸之路，名扬国际。万里茶道，惠及中外。

东方树叶，雅俗共品。中华国饮，全球共享！

茗香万世，上下求索。庚子鼠年，首创茶日。

五千余载，方得此时。全民饮茶，从今可也！

林木

2020年5月20日

附录二

○ 茶人 ○

①甘多平；②刘辉；③王岳飞；④刘中华（右）；

⑤余芬红；⑥何青松（右）；⑦墨荷；⑧卓万凯；⑨余悦；⑩凯哥

①肖勇；②彭寿军；③宋时磊；④蒋子祥；⑤邱建红；

⑥何泽勋；⑦王顺明；⑧李军；⑨黄木生；⑩香姐（左）、李茜（右）

①李刚；②金莉；③李爽；④李锐；

⑤石艾发；⑥陈仲喜；⑦王盛聪；⑧许取雄；⑨李雨橙

○ 茶友 ○

①靳文龙；②伊伊；③付志娇；

④于华；⑤严建红；⑥傅智慧；⑦曾凡仁

①于乐；②刘艳菲；③余秦蓓；④戈玲（左）；

⑤刘小玲；⑥黄艳；⑦张帆；⑧周茹；⑨张莉虹

①张燕群；②彭西平；③成梦阳；④张莉娟；

⑤曹洛菁；⑥徐素蓉；⑦朱云；⑧李茜；⑨杨志方

①杜敬；②朱红丽；③杨永霞；

④刘彪、彭奕夫妇；⑤地姐；⑥吴志远；⑦刘美枝；⑧周湘燕

①游琪；②肖黎艳；③郭桂芬；④王宗沛；⑤鄢向荣；

⑥胡雪莲；⑦邓静（左）、闵蓉（右）；⑧白琳；⑨谢宏杰；⑩袁凤林

①郭红；②柏柳；③雷利平；④陈财宝；

⑤郭进康；⑥杜秀云；⑦李敏；⑧阿申；⑨龙行云

○ 茶艺师 ○

①潇潇；②彭珺；③罗黎刚；

④谢芳芳；⑤杨柳；⑥李红梅；⑦苏文；⑧叶世凡

林木先生的
茶
Mr.
Lin's
Tea

○ 工作团队 ○

①人像摄影师（外封摄影者）巫巍；②静物摄影师林超琴；

③原团队成员尹子荣；④静物摄影师乔丽磊；⑤活动摄影师罗江源；

⑥风景摄影师（内封摄影者）王绍雄；⑦活动导演郑威；⑧原团队成员赵业勤

林木先生的

茶

Mr.
Lin's

Tea

2019 中秋茶会

2020 国际茶日

2019 新春茶会

2019 年终茶会